技術士第一次試験

機械部門 専門科目

過去問題
解答と解説 第9版

Net-P.E.Jp 編著

日刊工業新聞社

は　じ　め　に

　『技術士第一次試験「機械部門」専門科目　過去問題　解答と解説』は、平成16年6月に初版を発行してから数回の改版を行い、このたび令和6年度の試験対策用に内容を見直し、第9版を発刊することになりました。

　技術士第一次試験は、基礎科目、適性科目及び専門科目の3科目について行われます。本書では、そのうちの専門科目の過去問題に対して、解答の詳しい解説をしています。専門科目は、機械部門に関わる基礎知識及び専門知識を問う問題で、その範囲は材料力学、機械力学・制御、熱工学、流体工学の4分野になります。

　本書の内容は、令和5年度の技術士第一次試験「機械部門」専門科目の全問題の解答解説と、それ以前の数年の過去問題については、分野ごとに問題を振り分けて解答解説をしています。また、技術士第一次試験の内容とその対策についてや、技術士、技術士補、修習技術者に関する事柄も取り上げています。各々の問題や分野に関わるキーワードを挙げて、特に重要なキーワードについてはコラムとしてまとめています。さらに実際に合格した受験者の受験体験記を掲載して、より受験を身近に感じられるようにしています。

　技術士第一次試験は、技術士になるためだけでなく、若い技術者にとって必要な技術的知識を得るのにとても有効な内容になっています。そのため少しでも多くの技術者が技術士第一次試験を受験しやすくなるように、また技術者が必要な知識を得ることができるように、できるだけ丁寧でわかりやすい解説を心がけました。

　なお本書編著の『Net-P.E.Jp』に関しては、295ページの "付録3 『Net-P.E.Jp』とは" とネット上のホームページ（https://netpejp.jimdofree.com/）を参照してください。

　この本を活用することによって、より多くの機械系技術者の技術士第一次試験への受験意欲が高まるとともに、合格につながれば幸いです。

　令和6年5月

著 者 一 同

令和 4 年度以前の問題の掲載分野一覧表

令和 5 年度の問題は第 5 章（47 ページ〜）に一括掲載

目　次

第1章

技術士、技術士補、修習技術者とは

┌─────────────────┐
│　　学習のポイント　　│
└─────────────────┘

　　まず自分が目指している、または目指そうとしている "技術士、技術士補、修習技術者" がどういうものなのかを、正しく知ることが大切です。

　　この章で紹介している内容は、ほんの概要にすぎませんが、これを足がかりに理解を深めることによって、自分の将来像をイメージしてください。

　　これらの目標を明確に設定することによって、モチベーションを維持していくことができ、今後試験勉強を行っていくうえでも非常に重要になります。

1. 技術士とは

1) 概　要

　技術士とは、「科学技術に関する高等の専門的応用能力を必要とする事項についての計画、研究、設計、分析、試験、評価、又はこれらに関する指導の業務を行う者」と "技術士法第二条第1項" に定義されています。実務経験が重視され、創造力、応用力を有し、技術に関して指導能力があると第三者認証された技術者です。

　元々、高度で専門的な技術系の人材を育てようとスタートしたのがこの制度であり、発足当時は「博士は学理を開発した学者に与えられる称号で、技術士は技術を産業界に応用する能力があると認められた技術者に与えられる称号である」といわれていました。最近では工学博士と技術士を同時に取得している方も多く、科学技術の幅広い分野で活躍しています。

　このように、技術士は技術分野における最高ランクの国家資格で、我が国の科学技術の発展に寄与することが社会から大きく期待されています。医師、弁護士が業務の独占権を有する職業資格なのに対し、技術士は一部を除いて業務の独占権のない資格です。その辺が技術士の資格の位置付けを不明瞭としてきました。

　しかし、近年の技術の進歩・高度化、細分化で専門技術者は従来よりも高い技術レベルが要求されてきています。特に公益・倫理・守秘義務を第一と捉える公的な資格を持つ技術者が望まれてきています。このために、各企業においても技術士を上級技術者の国家認定と位置付けて、技術士資格の取得を勧めるところが多くなってきています。

　技術士試験自体も、実務経験を積んだ各技術分野のプロフェッショナルな技術者が受験するため、内容的にも相当高度なもので、その出題問題も時代のトレンド技術など、かなり広範囲から出題されます。したがって、たえず勉強に励まねばならず、技術的な問題解決への手法、視点、応用力なども問われています。

　特に機械部門の技術士試験は、他部門と比べても幅広い知識が必要とされて

います。その理由は、自分の選択科目に限らず論述することを要求されているからです。

　活躍している機械技術士は、技術士事務所を開設している方と企業内技術士とにほぼ二分されています。技術士事務所を開設している方は経験豊富な熟年技術士が多く、企業内技術士は専門性の高い技術者として30代、40代の方が多く活躍しています。

　平成13年度より技術士法が改正され、技術士第一次試験合格後に一定の条件の下4年の実務経験で、技術士第二次試験の受験資格が得られるようになりました。従来に比べ若手技術者が受験しやすい環境となり、倫理意識が高く社会貢献を望む技術者が増えると予測されます。

2）CPDとAPECエンジニア・IPEA国際エンジニア

　技術士はAPECエンジニアへの登録も可能になります。この登録制度は、APECエンジニア相互承認プロジェクトに基づき、優秀な技術者が国境を越えて自由に活動できるようにするための制度です。発足当初は登録対象の技術部門が限られていましたが、2006年3月より全技術部門が対象になりました。機械部門の選択科目別のAPECエンジニア分野は表1.1のとおりとなっています。

表1.1　選択科目とAPECエンジニア分野の対比

選択科目	APEC エンジニア分野
機械設計	Mechanical
材料強度・信頼性	Mechanical
機構ダイナミクス・制御	Mechanical または Information
熱・動力エネルギー機器	Mechanical または Chemical
流体機器	Mechanical または Chemical
加工・生産システム・産業機械	Mechanical

　APECエンジニアと同様に、技術士はIPEA国際エンジニアへの登録も可能となりました。技術士のように、経験を積んだ技術者の国際的な活動を促進する枠組みの拡充が進んでいます。公益社団法人日本技術士会では2015年から登録を開始しています。詳細は公益社団法人日本技術士会のホームページ

をご確認ください。

　平成12年4月26日に技術士法が一部改正され、職業倫理を備えることを求めると同時に、技術士資質の一層の向上を図るため、資格取得後の研鑽が責務として追加されました。平成13年4月1日より「技術士CPD（Continuing Professional Development）」がスタートしています。この背景として、以下のようなことが望まれています。

　　　①技術者の果たす使命と役割に対する認識
　　　②技術者の相互交流や人材の流動化
　　　③技術者の国際的相互承認の必要性
　　　④科学技術の高度化・複雑化に伴う信頼性や安全性の確保
　　　⑤実務能力のみならず、社会や公益性に対しての責任
　　　⑥職業倫理と横断的見識を備えた国際性のある技術者

　このことから、技術者のCPD（継続教育）が制度化され、技術者資格の国際的整合性も図られました。技術士は、高等の専門的応用能力を有した技術者として、技術者倫理の徹底、科学技術の進歩への関与、社会環境変化への対応、技術者としての判断力の向上をCPDにより求められています。

　このように技術士は、各専門技術分野において最も技術レベルの高い技術者と国から認定されているのです。

3）技術部門

　機械、船舶・海洋、航空・宇宙、電気電子、化学、繊維、金属、資源工学、建設、上下水道、衛生工学、農業、森林、水産、経営工学、情報工学、応用理学、生物工学、環境、原子力・放射線および総合技術監理の21技術部門です。

　各部門に選択科目があり、自分の専門分野に合った得意分野の科目を選ぶことが取得の早道といえます。

4）技術士になるには

　技術士になるためには、技術士第二次試験に合格しなければなりません。平成13年度より技術士法が改正され直接第二次試験を受けることはできなくなりました。第一次試験を合格した後に修習技術者（技術士補含む）になるか、

JABEE認定機関の教育課程を修了することが必須となりました。

　いずれにしても、4年間の実務経験が必要となります。修習技術者・技術士補・JABEEについては後項で詳しく解説します。また、技術士第二次試験を合格してもすぐに技術士と名乗ることはできないのです。所定の登録手続きを行い、必要基準を満たしているか最終的に書類審査されます。その結果、登録終了すれば晴れて技術士になることができます。

2. 技術士補とは

1）概　要

　技術士補とは、技術士第一次試験に合格し、文部科学省に登録した者が名乗ることができる国家資格です。その技術分野は技術士と同一で、総合技術監理部門を除く20技術部門の広範囲に及びます。技術士補登録後、指導技術士のもとで通算4年（総合技術監理部門を受験する場合は7年）を超える実務経験を経て、技術士第二次試験の受験資格を得ることができます。

　技術士補の定義は、"技術士法第二条第2項"に示されています。それによると、「技術士となるのに必要な技能を修習するため、"技術士法第三十二条第2項"の登録を受け、技術士補の名称を用いて、技術士にふさわしい業務について技術士を補助する者」ということになっています（技術士にふさわしい業務については、前項の"1. 技術士とは"で説明しました）。このように、技術士補は技術士を補助することによって、コミュニケーション能力や問題解決能力を向上させ、実務経験を十分に積むことが求められます。

　実際に技術士補に登録しようとする場合には、"技術士法第三十二条第2項"に示すように登録を行う必要があります。その内容は、

① 合格した技術士第一次試験の技術部門と同一の技術部門の登録を受けている技術士を、指導技術士として定める。

② 技術士補登録簿に氏名、生年月日、合格した技術士第一次試験の技術部門の名称、その補助しようとする技術士の氏名、その技術士の事務所の名称および所在地その他文部科学省令で定める事項の登録を受けなければならない。

上記内容の特例として、"技術士法第三十一条の二第2項"があります。これは、「大学その他の教育機関における科学技術に関する課程で、文部科学大臣が第一次試験の合格と同等として指定したものを修了した者は、技術士補となる資格を有する」となっています。

　すなわち、以下で説明するJABEE認定機関の教育課程を修了した修習技術者がこれにあたります。登録時には、その課程に対応するものとして、文部科学大臣が指定した技術部門と同一の技術部門の登録を受けている技術士を、指導技術士として定める必要があります。

　以上のように、技術士補はあくまでも指導技術士の業務の補助を行う立場であり、単独で業務を行うものではありません。したがって、技術士補になることが最終目標にはならず、技術士になるための準備期間、技術力を向上させる自己研鑽期間といえます。将来技術士になってからのことを考えると、技術力の蓄積、技術者としての生き方、考え方を養う非常に重要な期間といえます。

　また、技術士または技術士補は、"技術士法第三条"の欠格者に該当する者は資格を取得することができません。さらに、技術士または技術士補には信用と品位を守るために"技術士法第四章"の技術士等の義務によってその行動が規制されています。信用失墜行為の禁止、秘密保持、名称表示（業務制限）の義務や公益確保、資質向上の責務があります。この点が他の技術者、修習技術者と最も大きく違う点で、これにより社会的な責任が増し、高い信頼が得られます。

2）技術士補登録の意義

　以上のように、指導技術士を補助することにより、将来技術士となるために必要な技能を修習するのが技術士補です。しかし、技術士第二次試験の受験要件として、必ずしも技術士補に登録をする必要はありません。では実際に技術士補に登録する意義、メリットはあるのでしょうか？

　技術士補に登録し、その立場をうまく活用することによって、技術士補ならではの貴重な体験をすることができます。特に実際の業務経験の浅い技術者や若い技術者には、技術士になるうえで、また今後技術者として業務を行っていくうえでも非常に有効です。以下にその一部を紹介します。

① 指導技術士の業務を補助することによって、その仕事振りや仕事に対するスタンスを見て感じることができます。技術士の実際の仕事振りを間近で見られるという恵まれた機会は、技術士補だけに与えられた特権だといえます。

② 指導技術士との関係は、技術士になった後も非常に重要なつながりになります。

③ 技術士補になったことで自覚が芽生え、次は技術士になるという目標が定まり、モチベーションの維持に役立ちます。

④ 技術士法による規制があるため、社会的信用が得られます。

⑤ 社内の人事考課の材料として利用したり、名刺に技術士補の肩書きを入れることができます。

3）技術士補登録に際して

技術士補の登録手続きは、公益社団法人日本技術士会が発行している"技術士補の新規登録手続き案内"に従って登録手続きを行います。申請を行い、技術士補登録簿に必要な事項についての登録を受けなければなりません。詳細につきましては、"第10章　技術士補登録について"の項を参照してください。

3. 修習技術者とは

1）概　要

修習技術者とは、技術士第一次試験に合格した者もしくは、大学の申請に基づき、JABEE（日本技術者教育認定機構）が認定した教育課程を修了した者のことです。

従来までは、技術士補に登録しようとしても同一部門の指導技術士がなかなか確保できないという問題点があり、これを考慮して平成13年度に技術士法が改正されました。それによって、修習技術者として優れた指導者（監督者）のもと、4年（総合技術監理部門を受験する場合は7年）を超える実務経験を積めば技術士第二次試験を受験できるようになりました。それとは別に、技術士第一次試験受験の前後にかかわらず7年間の実務経験（大学院含む）を持つ修

習技術者も技術士第二次試験の受験が可能です。

　指導技術者の監督の要件は、"技術士法施行規則第十条の二"より、「科学技術に関する専門的応用能力を必要とする事項についての計画、研究、設計、分析、試験、評価、又はこれらに関する指導の業務経験が7年を超え、受験者を適切に監督できる職務上の地位にある人」と定められています。これによって、職場の上司や先輩技術者が該当することになり、非常に身近なところに指導技術者を求めることが可能になりました。

　また、JABEEとは日本技術者教育認定機構（Japan Accreditation Board for Engineering Education）の略で、ジャビーと呼ばれています。大学など高等教育機関で実施されている技術者教育プログラムが、社会の要求水準を満たしているかどうかを外部機関として公平に評価し、審査・認定を行う非政府団体です。これによって審査・認定された教育プログラムを修了することにより、修習技術者としての資格を得ることになります。

　したがって、学生などの早い段階から技術士第二次試験の受験、すなわち技術士を意識することになり、高度な技術力や正しい技術者倫理の習得を目指すものといえます。そして技術士の若年化、活性化が促進されるものと思われます。

2) 修習プログラムについて

　修習技術者は基本的に優れた技術者の指導・監督の下で4年間の修習プログラムを修める必要があります。この修習プログラムは、より短い期間の業務経験で、技術士になるために必要な能力や経験が得られるように制度化された教育訓練です。多くの若い技術者が技術士第二次試験の受験機会を幅広く持つことが期待されています。

　修習にあたっては、指導技術者の下でのOJTばかりではなく、研究会・講演会・セミナー等の研修・研鑽行事への参加、論文等の発表などがバランスよく盛り込まれていることが望まれます。そして、修習実施中は定期的に進捗状況を報告し、必要な部分は見直して、修習内容を記録しておくようにします。

　修習技術者の修習の基本的な考え方としては、以下のものがあります。

① 社会的責任を果たせるようになる

　技術者倫理に基づいて行動し、安全や環境に対する科学技術の正負の効果、関係法の役割を理解し、公益の確保に努める。

② 社会のニーズに的確に対応できるようになる

　経済社会動向、科学技術関連の政策、先端技術の発展、歴史・文化に関する理解や国際性などを養い、鋭い洞察力と豊かな創造性を持って柔軟に対応する。

③ 業務の遂行に必要な能力の向上を図る

　企画書、報告書および論文等のまとめ方や、専門能力、応用能力、情報技術活用能力、調査能力、企画能力、評価能力、管理能力の習得・涵養。また、基準・規格・契約等に関する基本的知識や、その他の技術知識も必要になる。

④ 社会からの信頼と尊敬を得るようになる

　法律（民法、税法）、産業財産権、著作権、情報公開法、PL法、技術士制度等の法的基礎知識を習得する。それとともに、コミュニケーション能力やプレゼンテーション能力の向上を図り、人格の形成、人脈の構築に努める。

第2章

技術士第一次試験合格までの計画の立て方

学習のポイント

　技術士第一次試験に合格するには、自分に合った学習計画の立て方はもちろん、実行して見直すことも忘れてはなりません。

　よくある「計画を立てた」当時はモチベーションも高く、資格の取得に対してやる気に満ち溢れていたが、実際は……、という方が多いと思います。それは計画を立案する前に実行して見直すことを考えず、「やるべきこと」のみしか見ていないからです。せっかく立派な計画を立てても、実行されなければ意味がありません。

　本章では、限られた時間で計画を実行し見直す方法と、学習計画の立案を具体的に解説します。最後には、本章のまとめとして「合格する学習計画」を記載しました。

　ぜひとも本章で合格できる計画を作成し、実行し続けるモチベーションの維持方法を学んでください。

1. はじめに

技術士第一次試験を受けてみようと思い、本書を手にとってみたものの、ど
うやって勉強すればよいのか、見当もつかない方も多いのではないでしょうか。
　本章では、第2節で合格する計画作成のポイントとして、時系列で「すべき
こと」を挙げていきます。次に第3節では、第2節を踏まえての計画の立案方
法を具体的な表を用いて解説します。最後の第4節では、自分に合う計画とは
時間でなく中身が重要であることを再確認いただき、合格する学習計画のサ
ポートができるように解説しています。本章を参考にあなた自身の学習計画を
立て、実行してください。

2. 合格する計画作成のポイント

学習計画を立てる前に、まず筆者らが考える合格する計画作成のポイントに
ついて、時系列で「すべきこと」を解説します。

(1) 技術士第一次試験の現状（時間・配点・出題範囲）を知ること

(2) 自分の実力を知る（過去問を解いてみる）

(3) 使える学習教材の確保

(4) 確保できる時間を分析

(5) 理解定着のための繰り返し学習

(6) 繰り返して学習計画を見直す（PDCAサイクル）

(7) PDCAサイクルの習慣化

では、順に詳細を説明していきます。

(1) 技術士第一次試験の現状（時間・配点・出題範囲）を知ること

第一次試験を受験するためには、まず試験内容を知ることが必要です。
第一次試験は5択のマークシート式の試験で、基礎科目、技術者倫理、専
門科目からなります。各科目の試験科目と配点は、第3章「図3.2　第一

次試験の試験科目と配点（令和5年度）」を参照ください。

①基礎科目：科学技術全般にわたる基礎知識を問う問題であり、「設計・計画に関するもの」をはじめ5分野から出題されます。各分野6問のうち3問を選択し、合計15問を1時間で解答します。基礎的な問題でかつ過去問題活用率が高いので、過去問題を中心に繰り返し学習して技術者としての基礎力を高めてください。

②適性科目：技術士法第四章（技術士等の義務）の規定の遵守に関する適性を問う問題です。合計15問（全問解答）を1時間で解答します。適性科目対策は、日頃から時事問題への理解を深めておくことも重要です。

③専門科目：技術士補として必要な当該技術部門に係る基礎知識及び専門知識について問う問題であり、「材料力学」をはじめとする4大力学から出題されます。合計35問のうち25問を選択して、2時間で解答します。4大力学の問題は重点分野に絞られており、配分数の傾向はほぼ安定しています。近年では、各力学分野からの出題数はばらつきが大きくなっています（令和5年度であれば、材料力学10問、制御4問、機械力学8問、熱工学7問、流体工学6問）。このため過去問から正しい周辺知識を習得すること、自分の苦手領域とのバランス検討が計画立案には重要です。

なお、各分野の出題傾向およびキーワードは、本書第4章「技術士第一次試験の傾向と対策」を参照して計画に役立ててください。

(2) 自分の実力を知る（過去問を解いてみる）

まずは過去問題を確認して出題範囲や自分の実力を知りましょう。この段階では計画のためのボリューム把握なので、おおよその確認で結構です。あまり時間をかけすぎず、いち早く計画を立てて学習に着手しましょう。

下記のようなポイントで分類してみるとよいでしょう。

A. 解説を見なくても解ける

B. 解説を見れば理解できる（思い出せる）

C. 解説を見ても理解できない

これらの分類を参考に、例えば、学習比率を専門科目6：技術者倫理2：
基礎科目2として計画を立ててください。
　　ただし、より踏み込んだ過去問研究は、学習時間として計画の中に組み
込んでください。過去問研究を深めるにつれて得意・不得意も変化します
ので、柔軟に学習計画へ反映させていきましょう。

(3) 使える学習教材の確保

　　第一次試験は、過去問題の解説が載っている書籍がたくさん出ています。
専門科目、基礎・適性科目の過去問題の解説が丁寧に載っている書籍を選
ぶことです。

補足：学習教材の確保について

何を用いて勉強すればよいかわからない方は、以下のものを参考にしてくだ
さい。

1) 過去問題（日本技術士会ホームページ、本書など）
2) 専門参考書（機械実用便覧、4大力学の各専門書、『技術士第一次試験
　　「機械部門」合格への厳選100問』、『技術士第一次試験「機械部門」
　　専門科目受験必修テキスト』など）
3) インターネットホームページ（Net-P.E.Jpなど）
4) メールニュース（新技術開発センターなど）
5) 専門用語（機械工学便覧など）
6) 現代用語（現代用語の基礎知識、imidas、知恵蔵など）
7) 専門雑誌（「機械設計」誌、「日経ものづくり」誌など）
8) 学会誌（日本機械学会誌、精密工学会誌など）
9) 一般新聞紙（日本経済新聞など）
10) 経済産業新聞紙（日刊工業新聞など）

　　これらすべてを読破するのは難しいのですが、適宜使い分けながら参考にし
てください。

1）過去問題（日本技術士会ホームページ、本書など）

　何はなくともまずは過去問題を解くことが合格への一番の近道でしょう。少し前までは解説のない過去問題集以外は入手できませんでしたが、最近では専門科目向けの本書を始め、基礎科目、適性科目ともに解説を載せた過去問題集なども発行されています。ぜひ手に入れておきたいものです。また日本技術士会ホームページにも過去問題、解答が掲載されています。

2）専門参考書（機械実用便覧、4大力学の各専門書、『技術士第一次試験「機械部門」合格への厳選100問』、『技術士第一次試験「機械部門」専門科目受験必修テキスト』など）

　各専門の学習にはそれぞれの専門書が必要となりますが、まずはご自身が学生時代に使用した教科書などを参考にしてください。大量の書籍を買いこむのも1つの方法ですが、それよりも1つの参考書を徹底的に読みこみ、理解することを基本としたほうがよいでしょう。

3）インターネットホームページ（Net-P.E.Jpなど）

　近年技術士受験に関するホームページが増えています。これらは情報伝達がとても早く便利であるうえに、地域に関係なく受験仲間を見つけることも可能です。機械部門受験者向けのホームページもいくつか立ちあがっていますので、巻末のアドレスなどにアクセスしてみてはいかがでしょうか。

　また、わからない用語の意味を調べるのにもインターネットは有効です。検索により、関連する多くのホームページが見つかるでしょう。ただし、見つかった情報の内容・表現が正しいかは自分で判断する必要があります。

4）メールニュース（新技術開発センターなど）

　過去問題や模擬問題をメールニュースとして配信しているサービスも存在します。技術士試験にまつわるニュースも含まれていることがあり、うまく使えば便利です。

5) 専門用語（機械工学便覧など）

　過去問題を解くだけでも、よくわからない用語が出てくると思います。これらの用語はできるだけ正しく理解しましょう。これらを調べるために機械工学便覧は有効な手段です。ただし個人で入手するには価格も高く、敷居が高いかもしれません。その場合は、学校や会社の図書室、各自治体の図書館などを利用するとよいでしょう。

6) 現代用語（現代用語の基礎知識、imidas、知恵蔵など）

　先端技術に関連する用語については、専門用語辞典でもあまり載っていません。新しい情報に関しては現代用語辞典類が便利です。基礎科目のバイオ・環境分野の情報を調べるためにも適しています。

　なお、imidas、知恵蔵は平成20年度から休刊となり、webデータベースとして提供されています。

　7）〜10）はできたら目を通しておきたいものとして挙げておきました。近年の試験範囲は、基礎問題が中心となったため、これらから得られる知識がなくても合格に達することはできるでしょう。しかし、技術士第一次試験合格をゴールとするのではなく、その先の技術士になることを見据え、普段から先端知識の理解も含めて修習に努めていきましょう。

(4) 確保できる時間を分析

　時間は有限です。自分のタイムスケジュールをまずは把握し、削減できる時間を学習計画に当てはめていきましょう。例えば、テレビを見る時間が2時間あれば、このような日はテレビの視聴時間を1時間にし、1時間は学習する。

　それでもまだ、平日は勉強時間を確保するのが難しいと考える方が多いでしょう。例えば、お昼休みに20〜30分、朝30分だけ早く起きて30分確保する、通勤時間帯はスマートフォンなどモバイル媒体を活用して時間を確保するなど、スキマ時間を有効に確保するように検討してみましょう。

　休日では、家族サービス時間前の2時間を確保する、帰宅後1時間を確

保など、ライフバランスに合わせた時間分析をしてみましょう。

(5) 理解定着のための繰り返し学習

　第一次試験は、過去類似問題の出題だけではありません。重要キーワードに関する応用問題の出題も目立ってきています。そのため、理解定着を目指した学習が重要です。過去問題を漫然と解答するのではなく、公式や解き方をまとめることと、理解定着のために繰り返して解答することを並行して行うとよいでしょう。

　例えば問題集1周目で間違えた問題には「×」、あやふやな問題には「△」といったしるしをつけて、公式や解き方をまとめるとよいでしょう。

　また、2周目、時間を許せば3周目を行い、「×」「△」が「○」や「△」へ変化する問題や「×」のままの問題などを受験前に再度復習するといった、繰り返し学習を行うとよいでしょう。

(6) 繰り返し学習の習慣化

　第一次試験は、毎年11月頃に実施されています（2024年5月時点）。例えば、3月から本格的に学習を始めたとして約8か月の長期戦となります。中だるみすることなくこの長期戦を制するには、学習の習慣化が重要です。

　習慣化のポイントは、毎日時間を確保することとその環境づくりです。例えば、学習管理スマホアプリで勉強時間を記録するといった工夫により、毎日の時間において有効活用の可視化ができ、スキマ時間といった時間確保とその環境確保を可能として、学習するモチベーションの維持ができるのです。

　「今週は何時間できたからよく頑張った」、「今日は少ない時間なので明日は頑張ろう」など、ポジティブな気持ちを維持でき、継続した学習の習慣化ができるようになります。

　また、いつもの通勤時間帯は混んでいるので1、2本電車を早くして、ゆったりとした学習環境を確保するということも習慣化には重要です。

　実績を振り返ることで、学習環境の改善につながり成長を実感できるので、自然と学習する習慣が身についていくでしょう。

3. 学習計画の立案

それではいよいよ学習計画の立案に入りましょう。自分の得意・不得意や強化すべき点、学習に使える時間を実際の学習計画に当てはめます。以下の手順で計画の立案をしていきましょう。

(1) 習慣化の検討
(2) 長期学習計画
(3) 中期学習計画
(4) 短期学習計画

(1) 習慣化の検討

長期間の学習計画では、平日・休日を通して続けられるペース配分とすることが重要です。まずは、少しずつでも、継続的に時間を作るようにしてください。1日30分程度でも続けるうちに習慣となり、徐々に時間を延ばすこともできるようになります。

1日30分程度を確保して何ができるかを検討します。「1日○問解答する」というよりも、30分程度でできることは何かを考えるとよいでしょう。不得意科目1問を30分程度で調べて解くことでもよいですし、得意科目を5問解くのでもよいでしょう。または、軽い作業として復習をしてみる、ノートを見直すでも結構です。メリハリのついた学習配分を検討して、モチベーションを維持するようにあてはめていきましょう。

(2) 長期学習計画

試験日までにどの程度の理解度に到達しなければならないかは、自分の得意・不得意によって変わります。しかし、大枠としての試験日までの学習計画を立てるにあたり、各時期にそれぞれ次のような内容を意識して学習計画を立案しましょう。

第一期：勉強開始～試験2カ月前
　・まずは過去問題を解いてみましょう。そしてわからないところは徹底的に調べてみましょう。

・過去問題の分析もこの時期に済ませて、詳細な学習スケジュールを立ててみましょう。

・4大力学などの参考書の読み込みを行いましょう。初めて読んだときにはわからなかったものも、何度か読み直すと次第にわかってくるものです。

・新たに学習したことをメモとして残していきましょう。これを集めてチェックリストとしておくと、後々役に立ちます。

第二期：試験2カ月前〜1週間前

・もう一度過去問題を解き直してみましょう。あやふやな部分がないか見直してください。

・試験直前に見直すための最終チェックリストも更新しておきましょう。

第三期：試験1週間前〜前日

・最後のおさらいです。これまでに覚えたことを再度しっかり記憶し直しましょう。

・新たなことを覚えようとするよりも、すでに学習したことの確認を中心にしたほうがよいでしょう。

・体調を整えて万全の状態で試験本番に挑めるようにしましょう。

大日程計画を立案するうえでのポイントは、

・つめこみすぎて修正する余地がない、ぎりぎりのスケジュールにしないこと

・習慣化を意識すること

・試験日直前は復習を中心にすること

などです。「全然時間が足りない。」試験日までの日数や必要な学習範囲にもよりますが、そう感じる方も多いでしょう。その場合は、各分野をしっかり理解しながら学習を進めるのが本筋ですが、広く浅く要点のみ押さえながら学習し、合格点に至ればよいと割り切り、ある分野は捨てるなどの調整も必要になります。

　あなたなりの学習計画を表2.1を参考に表2.2を使用して書き込んでみてください。

表 2.1 長期学習計画記入例

項目	4月前半	4月後半	5月前半	5月後半	6月前半	6月後半	7月前半	7月後半	8月前半	8月後半	9月前半	9月後半	10月前半	10月後半	11月前半	11月後半
過去3年分の過去問題を解く	■															
学習計画立案		■														
専門：材料力学の学習				■												
専門：機械力学の学習				■												
専門：制御の学習					■											
専門：熱工学の学習						■										
専門：流体工学の学習							■									
基礎：設計・計画の学習			■													
基礎：情報・論理の学習					■											
基礎：解析の学習						■										
基礎：材料・化学・バイオの学習							■									
基礎：環境・エネルギー・技術の学習							■									
適性科目の学習								■								
過去問題の解き直し									■							
弱点補強期間										■						
専門：材料力学の最終チェック											■					
専門：機械力学の最終チェック													■			
専門：制御の最終チェック													■			
専門：熱工学の最終チェック														■		
専門：流体工学の最終チェック														■		
基礎科目の最終チェック														■		
適性科目の最終チェック															■	
チェックリスト見直し															■	
試験日																■

表 2.2　長期学習計画例

項目	日程	月 前半	月 後半	月 前半	月 後半	月 前半	月 後半	月 前半	月 後半	月 前半	月 後半	月 前半	月 後半	月 前半	月 後半	月 前半	月 後半	月 前半	月 後半

(3) 中期学習計画

　大枠は決まったので、前述した各期間の学習計画を立ててみましょう。
あまりに先まで詳細に計画を立てても計画倒れになりがちです。詳細な
日程を立てる前に月間の大まかなめどを立てるための日程を作りましょう。

　「今月のテーマ」を宣言することで長期日程に示した項目に対して、何を
すべきかが明確になります。先月の達成レベルは注視して、計画の見直し
をこの時点でしておきましょう。中期学習計画の参考を表2.3に示します。
各自の予定作成には表2.4を使用してください。

表2.3　中期学習計画記入例

今月のテーマ：過去問題解答		
項目	前半	後半
専門：材料力学の学習 （1サイクル目）	R1〜R2	R3〜R5
専門：機械力学の学習 （1サイクル目）	—	R1〜R2
基礎：設計・計画の学習 （1サイクル目）	R1〜R5	—
基礎：情報・論理の学習 （1サイクル目）	—	R1〜R5

表2.4　中期学習計画例

今月のテーマ：		
項目	前半	後半

（4）短期学習計画

　　大枠は決まったので、具体的な学習計画を立ててみましょう。あまり先まで詳細に計画を立てても計画倒れになりがちです。始めに月間の大まかなめどを立て、その後、目先の1週間程度の詳細計画を作り、これを毎週作り直していきましょう。

表2.5　週間予定表記入例

今週のテーマ：専門材力基礎知識の確認 / 基礎苦手バイオの確認			
曜日	日付	試験日までの日数	学習内容
月	4月1日	237	専門：材力：応力とひずみについての学習―1
火	4月2日	236	専門：材力：応力とひずみについての学習―2
水	4月3日	235	基礎：バイオ：DNA についての学習
木	4月4日	234	基礎：バイオ：クローンについての学習
金	4月5日	233	専門：材力：曲げ・はりのたわみについての学習―1
土	4月6日	232	専門：材力：曲げ・はりのたわみについての学習―2
日	4月7日	231	確認テスト・苦手抽出・おさらい

表2.6　週間予定表例

今週のテーマ：			
曜日	日付	試験日までの日数	学習内容
月			
火			
水			
木			
金			
土			
日			

具体的に学習を予定している内容を決めるとともに、できれば最後に1週間のまとめのテストを行い、完成度の低い部分はまた次の期間に予定を組みこんでいくようにします。また、専門科目と基礎科目の時間の配分比なども合わせて見直しながら学習を進めましょう。参考を表2.5に示します。各自の予定表作成には表2.6を使用してください。

　あなた独自の学習計画が完成しましたか。さっそく計画に沿って学習を始めてみましょう。実際に学習を進めてみると、予定どおりにいかないことが多々出てくるでしょう。学習管理スマホアプリなどで進捗を可視化して定期的に計画を見直し、学習を続けてください。

4. 合格する学習計画とは

　技術士を最終的に目指す方の第一関門がこの技術士第一次試験です。これからの社会は、今までの詰め込みや時間の消費で学習をこなすのではなく、科学的でかつ合理的な方法により、エンジニアとしてのスキルアップをしていくことが、必要とされてきます。

　技術士第一次試験の勉強法はシンプルですが、「継続できない」人が多い特徴があります。なぜなら、詰め込みや時間の消費に比重を置きすぎた計画を「常識」としていたからです。本章では、継続した改善により「合格する学習計画」ができるようにまとめてみました。

　ポイントをおさらいすると、下記のようにまとめられます。

　・過去問題を解答して自分の得意・不得意を知る

　・学習にあてる時間を確保する

　・学習の時間配分を検討する

　・試験日までの学習計画の目安を立てる（長期計画）

　・中期計画で毎月進捗による再計画を行う

　・短期計画を検討する

　・使える教材を確保して効率的に学習する

　・習慣づける工夫をする

　最後に「合格する学習計画」のコツは、本章で技術士第一次試験の全体像を理解し、なるべく同じリズムで学習ができる環境を作ることです。そのために、初期の学習計画は必ず、状況に合わせて見直すことの重要性を本章では述べました。

　ただし、見直すためには、計画を実行する必要があります。何もせずに合格はあり得ません。まずは、本章で「学習計画の基本の型」を身につけていただき、自分のスタイルに合った「合格する学習計画」にアレンジをしてください。

第**3**章

技術士試験について

学習のポイント

　技術士試験制度は社会情勢や技術士を取り巻く環境に応じて、たびたびの変更があります。

　近年の技術士第一次試験では、試験科目の廃止や問題数の変更等がありますので、最新の試験制度を日本技術士会のホームページ等でよく確認してください。

　また、技術士試験制度の全貌と具体的な日程を把握し、計画的な学習をするとよいでしょう。

1. 技術士試験制度

1）概　要

平成31年度に技術士制度の更なる普及・拡大を図るために試験制度を見直すことが適当であると一部の制度検討委員会で検討され、試験制度の一部が見直されました。変更は一部の試験科目の見直しなどに留まっており、大きな仕組みに変更はありません。

【技術士試験の仕組み】

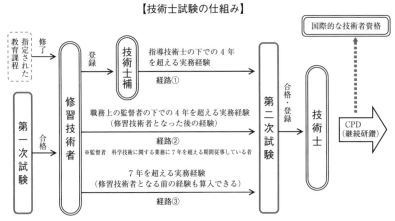

経路①の期間と経路②の期間を合算して、通算4年を超える実務経験でも第二次試験を受験できます。

公益社団法人日本技術士会ホームページ より抜粋
（令和6年1月時点）

図3.1　技術士試験制度

技術士の試験制度の流れを図3.1に示します。第一次試験は、技術士補になるという性格に加え、第二次試験を受験するための要件となっています。技術士を目指す方は、経験の有無にかかわらず、まずは第一次試験を受ける必要があります。

ここで、図中の指定された教育課程とは、「大学その他の教育機関における課程であった科学技術に関するもののうち、その修了が第一次試験の合格と同等であるものとして文部科学大臣が指定したもの」のことです（法第31条の二第2項）。

　指定された教育課程は、日本技術者教育認定機構（JABEE）認定コースとして文部科学大臣が指定しています。指定された大学等の一覧は、公益社団法人日本技術士会ホームページ（https://www.engineer.or.jp/）を参照してください。

　また、所定の学歴または国家資格の保有者並びに第二次試験に合格している者が受験する場合、試験の一部免除などの制度がありますので、ご自身の経歴などをよく確認するようにしてください。

2）試験状況

　技術士第一次試験は、昭和59年度から始まり令和5年度までに延べ約59.0万人が受験し、約23.0万人が合格しています。その推移を表3.1に示します。また、次ページの表3.2には令和5年度における技術士第一次試験の技術部門別試験結果一覧を示します。機械部門は2,395人の受験申込があり、603人が合格しています。合格率は令和5年度で約35.6％（対受験者合格率）となっています。

表3.1　技術士第一次試験受験申込者等の推移
公益社団法人日本技術士会ホームページより抜粋（令和5年度3月時点）

	受験申込者数（人）	受験者数（人）	合格者数（人）	対申込者合格率（％）	対受験者合格率（％）
昭和59年度～平成24年度	536,701	411,279	149,530	27.9	36.4
平成25年度	19,317	14,952	5,547	28.7	37.1
平成26年度	21,514	16,091	9,851	45.8	61.2
平成27年度	21,780	17,170	8,693	39.9	50.6
平成28年度	22,371	17,561	8,600	38.4	49.0
平成29年度	22,425	17,739	8,658	38.6	48.8
平成30年度	21,228	16,676	6,302	29.7	37.8
令和元年度	22,073	13,266	6,819	30.9	51.4
令和2年度	19,008	14,594	6,380	33.6	43.7
令和3年度	22,753	16,977	5,313	23.4	31.3
令和4年度	23,476	17,225	7,264	30.9	42.2
令和5年度	22,717	16,631	6,601	29.1	39.7
合　計	775,363	590,161	229,558	29.6	38.9

表3.2　令和5年度　技術士第一次試験技術部門別試験結果
公益社団法人日本技術士会ホームページより抜粋（令和5年度3月時点）

	技術部門	受験申込者数	受験者数	合格者数	受験者に対する合格率
1	機　械　部　門	2,395	1,692	603	35.6
2	船舶・海洋部門	34	20	13	65.0
3	航空・宇宙部門	44	29	18	62.1
4	電気電子部門	1,897	1,310	501	38.2
5	化　学　部　門	226	173	112	64.7
6	繊　維　部　門	26	19	11	57.9
7	金　属　部　門	122	89	47	52.8
8	資源工学部門	28	21	7	33.3
9	建　設　部　門	11,891	8,738	3,209	36.7
10	上下水道部門	1,369	1,020	470	46.1
11	衛生工学部門	457	314	149	47.5
12	農　業　部　門	915	736	314	42.7
13	森　林　部　門	386	281	117	41.6
14	水　産　部　門	125	85	34	40.0
15	経営工学部門	272	209	130	62.2
16	情報工学部門	756	591	368	62.3
17	応用理学部門	408	310	101	32.6
18	生物工学部門	167	122	77	63.1
19	環　境　部　門	1,097	804	276	34.3
20	原子力・放射線部門	102	68	44	64.7
	計	22,717	16,631	6,601	39.7

2. 技術士第一次試験の具体的な実施内容について

1）概　要

　各年度の第一次試験の実施内容については、例年3月上旬頃に詳細が官報で公告されます。その後に公益社団法人日本技術士会の試験情報のページでも確認が可能となります。近年は技術士試験の実施について制度の変更が多いため、当該年の実施要項については、必ず各自で最新の情報を確認してください。

　（https://www.engineer.or.jp/）

2）受験申込書の入手

受験申込み案内及び受験申込書様式（PDF 版）は公益社団法人日本技術士会の試験情報のページからダウンロード可能です。6 月前後には案内が掲載されるので、ホームページの確認を行ってください。また受験申込案内などは郵送による請求も可能ですので、希望する場合もホームページの確認を行ってください。

3）受験申込

受験申込は、公益社団法人日本技術士会あてに、原則郵送（簡易書留）で提出します。締め切り期限に少しでも遅れると受験できなくなりますので、早めの申込をされた方がよいでしょう。今後は、電子申請の採用など、申請方法は環境に合わせて変化が予想されますので、日本技術士会のホームページにある試験に関する情報をよく確認してください。

4）試験日

表 3.3 に技術士第一次試験のスケジュールを示します。

表3.3　技術士第一次試験のスケジュール（令和6年度）

受験申込書等配布期間	令和 6 年 6 月 7 日（金）〜6 月 26 日（水）
受験申込受付期間	令和 6 年 6 月 12 日（水）〜6 月 26 日（水）
筆記試験日	令和 6 年 11 月 24 日（日）
合格発表	令和 7 年 2 月［予定］

5）試験の時間割

令和5年度の第一次試験の時間割は表3.4のとおりでした。

表3.4　試験の時間割（令和5年度）

試験科目	時間割
専門科目	10：30〜12：30（2 時間）
適性科目	13：30〜14：30（1 時間）
基礎科目	15：00〜16：00（1 時間）

6）試験地

試験地としては、北海道、宮城県、東京都、神奈川県、新潟県、石川県、愛知県、大阪府、広島県、香川県、福岡県、沖縄県の12都道府県の県庁所在地近郊で行われることが多いようです。遠方の方は前日からの宿泊になると思いますが、試験前日の宿泊場所確保が難しいことが多々ありますので、早めに宿泊先を確保されることをお勧めします。

7）受験資格

年齢・学歴・業務経歴による制限はありません。

8）試験科目と配点

図3.2に令和5年度の選択科目とその配点を示します。試験は筆記試験により行われ、解答方式はすべて五肢択一式（マークシート方式）です。

---

1. 基礎科目　[試験時間：1時間]
科学技術全般にわたる基礎知識を問う問題です。 次の（1）～（5）の問題で構成されています。 （1）設計・計画に関するもの（設計理論、システム設計、品質管理等） （2）情報・論理に関するもの（アルゴリズム、情報ネットワーク等） （3）解析に関するもの（力学、電磁気学等） （4）材料・化学・バイオに関するもの（材料特性、バイオテクノロジー等） （5）環境・エネルギー・技術に関するもの（環境、エネルギー、技術史等） （1）～（5）の5分野各6問、計30問出題され、5分野各3問選択し計15問解答します。【配点：15点満点】
2. 適性科目　[試験時間：1時間]
技術士法第四章（技術士等の義務）の規定の遵守に関する適性を問う問題です。 15問出題され、受験者は全問解答します。【配点：15点満点】
3. 専門科目　[試験時間：2時間]
当該技術部門に関わる基礎知識及び専門知識を問う問題です。 受験者があらかじめ選択した技術部門について、35問出題され、25問を選択し解答します。【配点：50点満点】 機械部門の専門科目の範囲 ■　材料力学 ■　機械力学・制御 ■　熱工学 ■　流体工学

図3.2　第一次試験の試験科目と配点（令和5年度）

9）試験科目の免除

　平成14年度以前に、第一次試験の合格を経ずに第二次試験に合格している受験者は、以下のように試験科目の一部が免除されます。

　　A：第二次試験で合格した技術部門と同一の技術部門で受験

　　⇨　基礎科目、専門科目が免除

　　B：第二次試験で合格した技術部門と別の技術部門で受験

　　⇨　基礎科目が免除

　　※第二次試験を合格した者が第一次試験を受験する際は、第二次試験で合格した技術部門を含むすべての技術部門を受験することができますので、通常は免除科目の多いAでの申込みになります。

10）問合せ先

　詳細についての問合せ先は、以下のとおりです（2024年3月末時点）。

　　公益社団法人　日本技術士会　試験・登録部

　　TEL：03-6432-4585

　　https://www.engineer.or.jp/（問い合わせフォームあり）

11）その他

　図3.3に令和6年度技術士第一次試験実施大綱を挙げておきます。これは年度により変わりますので、当該年度の実施大綱を十分確認するようにしてください。

技術士第一次試験実施大綱

科学技術・学術審議会
技術士分科会試験部会

1. 技術士第一次試験の実施について
 (1) 技術士第一次試験は、機械部門から原子力・放射線部門まで20の技術部門ごとに実施し、技術士となるのに必要な科学技術全般にわたる基礎的学識及び技術士法第四章の規定の遵守に関する適性並びに技術士補となるのに必要な技術部門についての専門的学識を有するか否かを判定し得るよう実施する。
 (2) 試験は、基礎科目、適性科目及び専門科目の3科目について行う。
   出題に当たって、基礎科目については科学技術全般にわたる基礎知識(設計・計画に関するもの、情報・論理に関するもの、解析に関するもの、材料・化学・バイオに関するもの、環境・エネルギー・技術に関するもの)について、適性科目については技術士法第四章(技術士等の義務)の規定の遵守に関する適性について、専門科目については技術士補として必要な当該技術部門に係る基礎知識及び専門知識について問うよう配慮する。
   基礎科目及び専門科目の試験の程度は、4年制大学の自然科学系学部の専門教育課程修了程度とする。
 (3) 基礎科目、適性科目及び専門科目を通して、問題作成、採点、合否判定等に関する基本的な方針や考え方を統一するよう配慮する。
   なお、専門科目の問題作成に当たっては、教育課程におけるカリキュラムの推移に配慮するものとする。

2. 技術士第一次試験の試験方法
 (1) 試験の方法
   ① 試験は筆記により行い、全科目択一式とする。
   ② 試験の問題の種類及び解答時間は、次のとおりとする。

問 題 の 種 類	解 答 時 間
Ⅰ 基礎科目 科学技術全般にわたる基礎知識を問う問題	1時間
Ⅱ 適性科目 技術士法第四章の規定の遵守に関する適性を問う問題	1時間
Ⅲ 専門科目 当該技術部門に係る基礎知識及び専門知識を問う問題	2時間

 (2) 配点
   ① 基礎科目　　　　　　15点満点
   ② 適性科目　　　　　　15点満点
   ③ 専門科目　　　　　　50点満点

図3.3　令和6年度　技術士第一次試験実施大綱

第4章
技術士第一次試験の傾向と対策

　傾向と対策をしっかり押さえることは受験を成功させる大きなカギです。

　これをしないと、いつの間にか非効率な回り道をして、受験失敗という悲惨な結果となってしまうことがあります。

　効率的に進めるために、出題頻度の高い問題から克服していくのがよいでしょう。

　また、過去問題から導かれたキーワードを基に、その周辺技術について確認して知識の幅を広げていくことで一層、合格が近づくことでしょう。

　本章に基づき、出題傾向に沿った対策を実施して、効率的な受験勉強を行っていきましょう。

この章では、技術士第一次試験の専門科目の出題傾向分析とその対策法について述べます。

まず、試験実施内容および試験方法については、1月前後に技術士第一次試験実施大綱が文部科学省科学技術・学術審議会の技術士分科会で発表されます。その中に "専門科目については技術士補として必要な当該技術部門に係る基礎知識及び専門知識について問うよう配慮する" とあります。試験の程度については、"4年制大学の自然科学系学部の専門教育程度" としており、大学卒業程度の専門知識を有しているかが問われます。

また、平成15年度より試験方法の変更がありました。平成14年度までは、記述式および択一式（10問）で専門科目の解答時間は3時間でした。しかし、平成15年度以降は択一（30問のうち25問選択解答）のみとなり、解答時間も2時間と短くなりました。さらに、平成17年度以降は択一（35問のうち25問選択解答）と変更になり、受験者の問題選択幅を広げるよう改正されています。

出題範囲は、以下のように4大力学（制御を含む）が明記されました。

　・材料力学
　・機械力学・制御
　・熱工学
　・流体工学

第6版以前は上記に分類できない機械設計法や機械加工法などの出題を「その他の分野」として取り上げていました。しかし平成22年度の出題を最後に、その出題がないことから、過去問題の掲載は4大力学に絞った内容としました。

1. 令和5年度の分野別出題傾向

図4.1は令和5年度の専門分野問題を問題数で表したものです。このグラフからもわかるように、材料力学の出題数が比較的多く、次いで機械力学、熱工学、流体工学、制御の順になっています。図4.2は、平成25年度から令和5年度までの11年分（令和元年度再試験を含む）の分野別出題率を表したものです。熱工学と流体工学の出題数が1問分入れ替わる程度であり、材料力学、制御、機械工学の出題数は一定です。令和6年度以降の技術士第一次試験では、これ

らの傾向に配慮した対策が適切であると考えます。

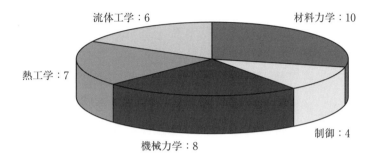

図4.1　令和5年度　分野別出題表

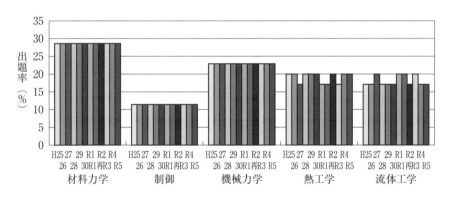

図4.2　分野別の出題率（年度別）

2. 計算問題と文章問題の割合について

　択一問題では、計算問題と文章問題の2つに分けられます。これをグラフに
表したものが図4.3です。計算問題の出題割合から見ますと、平成13年度ま
では20～30％で推移していましたが、平成14年度から増加しはじめ平成30年
度からは80％超で推移しています。答えが明確に1つになる計算問題が好まれ
た結果によると推測でき、今後もこの傾向が続くと予想されます（平成16年度
より試験問題の正答が公益社団法人日本技術士会より公表されるようになりま
した）。

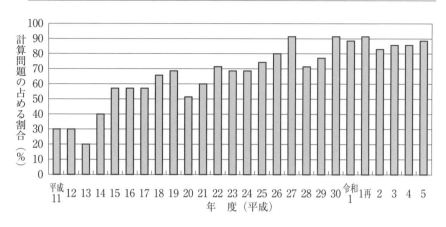

図4.3　計算問題の出題割合（年度別）

3. 分野別出題傾向

各分野で出題されたキーワードから、傾向を分析してみましょう。

過去問題の平成12年度～令和5年度を対象としました。

1）材料力学

材料力学は近年10問と多く出題されていて、計算問題から文章問題まで幅広い問題形式がとられています。

出題頻度が最も高いものは、引張・圧縮応力、曲げ応力などに関する計算問題です。これらの演習問題を数多く解き、問題に慣れることが重要です。計算能力を向上させ断面二次モーメントの式、はりの応力分布の関係式などを記憶しておく必要があります。

平成 12 年度	3 問	●組合せ応力　●工業材料の性質と機能　●非破壊検査
平成 13 年度	2 問	●複合材料　●工業材料の性質と機能
平成 14 年度	4 問	●曲げ　●破壊　●質点系の力学　●工業材料の性質と機能
平成 15 年度	8 問	●工業材料の性質と機能　●真応力と真ひずみ　●せん断応力とひずみ　●熱応力　●曲げ（2 問）　●疲労　●応力集中

38

平成 16 年度	7 問	●工業材料の性質と機能（2 問）　●引張・圧縮（2 問） ●熱応力　●多軸応力　●曲げ
平成 17 年度	10 問	●工業材料の性質と機能（2 問）　●疲労　●引張・圧縮（2 問） ●応力集中　●多軸応力（2 問）　●曲げ（2 問）
平成 18 年度	8 問	●座屈　●強度設計　●工業材料の性質と機能（2 問） ●応力の性質　●はりの最大曲げ応力　●熱応力（2 問）
平成 19 年度	9 問	●引張応力（2 問）　●自重による応力　●座屈 ●曲げ（2 問）　●せん断応力（2 問） ●工業材料の性質と機能
平成 20 年度	9 問	●熱応力　●引張　●座屈　●片持ちばり ●鉄鋼材料の疲労強度　●ねじり強さ（2 問） ●組合せ応力　●はりの支持条件
平成 21 年度	5 問	●引張　●熱応力　●ねじれ強さ　●組合せ応力 ●材料の疲労、強度
平成 22 年度	5 問	●座屈荷重　●片持ちばり（2 問） ●断面係数　●平面応力状態の応力成分
平成 23 年度	10 問	●引張試験　●許容応力、安全率　●熱応力　●段付棒の引張 ●円形断面棒のねじり　●はりの曲げ応力　●薄肉円管の応力 ●降伏条件　●S-N 曲線　●材料力学用語
平成 24 年度	10 問	●引張　●伸び　●円形断面のねじり　●熱応力 ●トラス構造の引張・圧縮荷重　●はりの曲げ応力 ●平面応力状態の応力成分　●応力集中　●座屈　●断面係数
平成 25 年度	10 問	●段付棒の引張　●熱応力　●円形断面棒のねじり ●はりの曲げ応力（3 問）　●平面応力状態の応力成分 ●薄肉円管の応力　●材料力学用語　●降伏条件
平成 26 年度	10 問	●力学的性質　●強度設計　●丸棒の引張応力 ●丸棒のせん断応力　●はりの曲げモーメント　●はりの曲げ応力 ●はりのひずみエネルギー　●モール応力円 ●圧力容器の応力　●円柱の座屈
平成 27 年度	10 問	●材料応力用語　●丸棒のせん断応力　●丸棒のひずみエネルギー ●熱応力　●はりのたわみ　●はりの曲げ応力 ●丸棒のねじりモーメント　●薄肉球殻容器の許容引張応力 ●座屈　●主応力
平成 28 年度	10 問	●強度設計　●軸荷重　●はりの曲げ応力　●はりのたわみ ●丸棒のねじり角　●棒の降伏応力　●円柱の温度による伸び量 ●平面応力状態　●楕円孔の応力集中　●円筒圧力容器に作用する応力

平成 29 年度	10 問	●材料力学用語　●棒の引張荷重による伸びと応力 ●トラス構造の荷重の伝達　●2 部材の膨張と熱応力 ●はりの荷重によるモーメント　●はりへの集中・分布荷重とモーメント ●回転する軸のせん断応力と伝達動力　●座屈 ●平面応力状態　●円筒圧力の応力
平成 30 年度	10 問	●力学的性質　●棒の荷重による応力　●トラス構造の荷重の伝達 ●熱応力 2 部材　●はりの荷重のせん断力とモーメント ●はりへの集中・分布荷重とたわみ　●ねじりとせん断応力 ●座屈　●平面応力状態　●円筒圧力の応力
令和元年度	10 問	●棒吊り下げと弾性ひずみエネルギー　●トラス構造の荷重と変位 ●2 部材の膨張と熱応力　●はりの荷重のせん断力とモーメント ●はりへの分布荷重で支持方法別での曲げ応力の差異 ●はりへのモーメントによるたわみ　●ねじりとせん断応力 ●座屈　●平面応力状態　●円筒圧力の応力
令和元年度 （再試験）	10 問	●2 部材への荷重による応力　●棒つり下げ自重による応力 ●はりへのモーメントでのせん断力　●はりへの分布荷重とひずみエネルギー ●はりの断面形状差異での応力比　●ねじりモーメントでのねじれ角 ●座屈と熱応力　●平面応力状態　●楕円孔の応力集中 ●円筒圧力の応力とポアソン比
令和 2 年度	10 問	●力学的性質　●棒の引張荷重による伸び　●はりを支える鋼線の引張力 ●2 部材の膨張と熱応力　●はりへの集中・分布荷重と曲げ応力 ●はりの分布荷重とたわみ　●2 部材へのねじりモーメントでのねじり角 ●座屈　●平面応力状態　●円筒圧力の応力とポアソン比
令和 3 年度	10 問	●材料力学用語　●2 部材への荷重による伸び ●横向きトラス構造の荷重と変位　●はりの荷重によるモーメント ●はりへの荷重によるたわみ　●はりへのモーメントとひずみエネルギー ●ねじりとせん断応力　●座屈（座屈荷重） ●平面応力状態（主せん断応力）　●薄肉球殻の応力
令和 4 年度	10 問	●材料力学用語　●2 部材への荷重による応力 ●3 部材の膨張と熱応力　●はりへのモーメントでのせん断力 ●はりへの分布荷重と許容応力　●はりへのモーメントによるたわみ ●ねじりモーメントでのねじれ角　●平面応力状態（主せん断応力となす角） ●座屈（座屈荷重）　●薄肉球殻の応力
令和 5 年度	10 問	●材料力学用語　●棒の引張荷重による伸びと応力 ●トラス構造の変形量　●はりの荷重によるモーメント ●梁が降伏する曲げモーメント　●伝動軸の最大せん断応力 ●座屈（座屈荷重）　●円筒圧力の応力 ●ねじりモーメントと最大主応力　●楕円孔の応力集中

2) 機械力学・制御

　機械力学・制御は範囲が広く、記憶する部分も多いですが、平成20年度以降ほぼ12問と出題数が増加していますので、ポイントを押さえ、学習することが重要です。機械力学では振動と質点系力学に関して多く出題されています。制御では伝達関数に関する問題が多くなっています。

　機械力学は一般物理学と振動力学に分けられ、各種基本方程式は記憶しておかなければなりません。制御分野では伝達関数に関連して、フィードバック制御や系の安定判別などを理解しておきましょう。出題頻度は少ないですが、電気／電子回路に関する内容も制御分野に含まれます。

平成 12 年度	4 問	●機構の力学（2問）　●信号変換／伝送　●電気／電子回路
平成 13 年度	4 問	●浮体／揚力体の力学　●質点系の力学　●単位と標準 ●振動絶縁
平成 14 年度	3 問	●減衰系　●共振　●機構の力学
平成 15 年度	12 問	●質点系の力学（2問）　●運動の法則（2問） ●減衰系　●共振　●計算機アーキテクチャ ●電気／電子回路　●不確かさと精度　●音響／波動 ●特性方程式　●伝達関数とフィードバック制御
平成 16 年度	12 問	●機構の力学　●質点系の力学（3問）　●振動絶縁 ●減衰系　●信号処理　●不確かさと精度 ●基本的な量の測定法（2問） ●伝達関数とフィードバック制御　●安定性
平成 17 年度	8 問	●振動（2問）　●質点系の力学（2問） ●伝達関数とフィードバック制御　●伝達関数 ●安定性（2問）
平成 18 年度	9 問	●回転運動（3問）　●振動系の伝達関数　●位相余有（余裕） ●伝達関数　●振動系（2問）　●動力の伝達
平成 19 年度	7 問	●振動（3問）　●伝達関数　●安定性 ●クランク-スライダ機構　●回転運動
平成 20 年度	12 問	●質点系力学（2問）　●振動（3問）　●回転運動 ●伝達関数（4問）　●安定性　●制御工学に用いる図
平成 21 年度	13 問	●質点力学（4問）　●減衰系　●回転体の制動　●振動 ●フィードバック制御　●伝達関数（2問）　●安定性 ●原関数　●フィードバック係数ベクトル

平成 22 年度	14 問	●振動（4問） ●質点系力学（2問） ●逆ラプラス変換 ●ブロック線図 ●伝達関数（2問） ●フィードバック制御系の特性 ●インディシャル応答 ●フィードバック制御の定常位置偏差 ●合成ばね定数
平成 23 年度	12 問	●合成ばねの固有振動数（2問） ●振動（2問） ●振動するはりの境界条件 ●振動用語 ●逆ラプラス変換 ●ブロック線図 ●入力関数と応答の関係 ●フィードバック制御 ●伝達関数（2問）
平成 24 年度	12 問	●伝達関数（3問） ●逆ラプラス変換 ●ラプラス変換と伝達関数 ●制御量の説明 ●振動用語（2問） ●振動するはりの境界条件 ●軸の慣性モーメント ●質点系力学 ●合成ばね定数
平成 25 年度	12 問	●伝達関数とフィードバック制御 ●ブロック線図 ●逆ラプラス変換 ●伝達関数 ●振動するはり（2問） ●合成ばね（2問） ●円板の重心 ●回転運動（2問） ●機構の力学
平成 26 年度	12 問	●ステップ応答 ●伝達関数（2問） ●ラプラス変換 ●ばねの固有振動数 ●ばねの周波数応答線図 ●はりの境界条件 ●振動用語 ●質点系計算（2問） ●慣性モーメント ●合成ばね定数
平成 27 年度	12 問	●伝達関数（2問） ●特性方程式 ●フィードバック制御用語 ●ばねの減衰比 ●はりの固有振動数 ●振動系用語 ●ばねの固有振動数 ●質点系力学（4問）
平成 28 年度	12 問	●フィードバック制御用語 ●伝達関数（2問） ●状態方程式 ●クランク－スライダ機構 ●ばねの固有振動数（2問） ●振動系用語 ●ばね－ダンパーの減衰振動 ●棒の固有振動数 ●回転するアームの速度ベクトル ●質点系力学
平成 29 年度	12 問	●PID 制御の特徴 ●伝達関数 ●伝達関数のグラフ表現 ●ブロック線図 ●ばねの周波数応答線図 ●滑車おもりの加速度 ●ねじの用語 ●横振動するはりの境界条件 ●並進振動と回転振動 ●単振り子の振幅 ●ばねとおもりの周期 ●1自由度振動系の減衰比
平成 30 年度	12 問	●伝達関数の零点と極 ●逆ラプラス変換 ●伝達関数 ●応答の種類と入力関数 ●1自由度振動系の減衰比 ●一端回転軸の物理振り子 ●運動方程式 ●2自由度振動系の固有角振動数 ●1自由度振動系の固有角振動数の応用 ●斜面上の円柱移動距離 ●ばねとおもりの固有角振動数 ●合成ばね定数

令和元年度	12 問	●伝達関数の零点と極　●逆ラプラス変換　●ブロック線図 ●フィードバック制御の用語　●振動系における減衰の説明 ●回転するアームの速度ベクトル ●横振動するはりの境界条件　●単振り子の振幅 ●1自由度振動系の固有角振動数　●円板の慣性モーメント ●一端回転軸の物理振り子　●U字管液柱の固有角振動数
令和元年度 （再試験）	12 問	●伝達関数　●伝達関数のグラフ表現　●逆ラプラス変換 ●フィードバック制御の用語　●合成ばね定数 ●1自由度振動系の固有振動数の応用　●雨滴の速度 ●ばねとおもりの振幅　●1自由度振動系の減衰比 ●滑車おもりの加速度　●運動方程式　●並進振動と回転振動
令和2年度	12 問	●伝達関数　●逆ラプラス変換　●ブロック線図 ●ステップ応答の用語　●振動系における減衰の説明　●重心の座標 ●1自由度振動系の固有振動数　●ばねと円板の固有角振動数 ●振動系用語　●1自由度振動系の減衰比 ●ロータ一体化での角速度　●運動方程式
令和3年度	12 問	●伝達関数（2問）　●PID制御の特徴　●伝達関数の零点と極 ●振動系減衰の説明　●軸の慣性モーメント ●傾斜ばねの固有角振動数　●1自由度振動系の周期（2問） ●減衰　●定常状態　●2自由度振動系の固有角振動数
令和4年度	12 問	●応答の種類と入力関数　●伝達関数（2問）　●一巡伝達関数 ●棒の固有角振動数　●滑車おもりを引く力　●クレーンの効率 ●ばねとおもりの停止位置　●慣性モーメントとばねの運動方程式 ●棒の慣性モーメント　●おもりの回転の角速度 ●斜面上の円柱移動距離
令和5年度	12 問	●状態方程式　●伝達関数（2問）　●ブロック線図から特性方程式 ●慣性モーメント　●はりの固有角振動数　●U字管液体の固有角振動数 ●2自由度振動系の固有角振動数　●質点系力学（反力） ●振動系減衰の説明　●滑車おもりの停止位置　●運動方程式

3）熱工学

　熱工学も流体工学同様、例年出題数の少ない分野でしたが、平成17年度以降は6〜7問出題されています。出題率の高いキーワードは熱機関、熱伝達（熱伝導、熱放射）です。熱機関は特に出題率が高いので代表的な熱機関の特徴・p-V線図・T-S線図はきちんと把握しておきましょう。また熱伝達の関係式も同様です。

平成 12 年度	0 問	（該当無し）
平成 13 年度	1 問	●熱機関
平成 14 年度	2 問	●熱伝達　●エネルギーの伝達
平成 15 年度	2 問	●熱機関　●熱伝導
平成 16 年度	3 問	●燃焼反応　●熱機関　●熱伝導
平成 17 年度	7 問	●熱機関（3 問）　●燃焼反応　●理想気体の性質 ●熱力学第 2 法則　●熱伝達
平成 18 年度	7 問	●熱交換器　●熱機関（3 問）　●熱伝達（2 問）　●伝熱
平成 19 年度	6 問	●熱伝導　●燃焼反応　●熱機関（2 問）　●熱交換器 ●伝熱形態
平成 20 年度	6 問	●単位　●熱サイクル　●熱機関　●熱力学の法則 ●熱伝動　●燃焼反応
平成 21 年度	6 問	●燃焼反応　●エネルギーの伝達　●熱機関 ●エクセルギー　●熱サイクル　●理想気体
平成 22 年度	7 問	●熱サイクル図　●熱通過　●熱機関（2 問）　●伝熱形態 ●エントロピー　●諸係数、無次元数の式
平成 23 年度	7 問	●SI 単位　●エントロピー（2 問）　●理想気体の準静的過程 ●熱伝達率　●無次元数の定義　●フーリエの法則、対流伝熱
平成 24 年度	7 問	●SI 単位　●熱機関（3 問）　●理想気体の性質 ●燃焼反応　●総括伝熱係数
平成 25 年度	7 問	●無次元数　●熱伝導　●熱伝達（2 問）　●熱機関 ●熱サイクル　●伝熱
平成 26 年度	7 問	●メタンの完全燃焼　●平板の熱通過率　●電熱器の加熱 ●理想気体　●熱機関　●電気ヒーターの消費電力 ●水の蒸発エネルギー
平成 27 年度	6 問	●可逆断熱圧縮　●メタンの完全燃焼　●熱交換器の総括伝熱係数 ●冷凍庫の電力使用量　●自然対流の熱損失　●黒体のふく射
平成 28 年度	7 問	●マイヤーの関係式　●水の加熱時間 ●理想気体の等圧変化　●熱サイクル用語 ●断熱材周囲の熱損失　●熱移動量　●熱工学用語
平成 29 年度	7 問	●成績係数　●熱工学用語　●黒体のふく射　●蒸気の比エンタルピー ●フィンの機能　●エントロピー変化　●蒸気タービンの仕事
平成 30 年度	7 問	●理想気体の状態変化　●蒸気のエンタルピー変化 ●熱交換機の機能　●平板の熱通過率　●冷却器の消費電力 ●メタンの完全燃焼　●球面からの放熱

令和元年度	6 問	●エントロピー変化　●ディーゼルサイクルの熱効率　●熱工学用語 ●平板からの熱損失　●冷凍器の消費電力　●理想気体
令和元年度 （再試験）	6 問	●エントロピー変化　●冷凍機の成績係数　●沸騰現象 ●円管からの熱損失　●理想気体　●熱移動量
令和 2 年度	7 問	●温度上昇　●エントロピー変化　●蒸気サイクルの熱効率 ●理想気体　●熱伝導　●熱交換器の温度差　●平板からの放熱
令和 3 年度	6 問	●保温に必要な最小電力　●湿り水蒸気の乾き度　●平板の熱通過率 ●エントロピー　●熱伝達率　●伝熱工学での無次元数
令和 4 年度	7 問	●冷凍機の成績係数　●理想気体の断熱係数 ●ブレイトンサイクルの熱効率　●平板の熱通過率 ●強制対流層流熱伝達　●比エントロピーの変化量　●沸騰伝熱
令和 5 年度	7 問	●理想気体の状態変化（2 問）　●対流熱伝達率 ●オットーサイクル、ディーゼルサイクル ●湿り蒸気の比エントロピー　●熱伝達率　●熱伝導

4）流体工学

　流体工学は、例年出題数が少ない分野でしたが、平成17年度以降は5〜7問出題されています。モデルにて実験を行う場合に必要な各相似則やベルヌーイの式などの重要な式を把握しましょう。関連用語の問題は、記憶していればすぐに解答できますので、しっかり把握しておきましょう。

平成 12 年度	1 問	●流体機械
平成 13 年度	1 問	●流体機械
平成 14 年度	1 問	●気体の流動
平成 15 年度	4 問	●状態方程式　●相似則　●ベルヌーイの式（2 問）
平成 16 年度	3 問	●流れの計測　●エネルギーの形態と変換　●層流と乱流
平成 17 年度	5 問	●流体静力学　●相似則　●二次元ポテンシャル流れ ●ベルヌーイの式　●円管流れ
平成 18 年度	7 問	●相似則　●二次元ポテンシャル流れ　●カルマン渦 ●粘性流体の力学　●一様流の境界層　●流体機械（2 問）
平成 19 年度	7 問	●相似則　●流体静力学　●一様流中の円板の抗力 ●乱流の状態変化　●流体機械（2 問）　●渦の運動
平成 20 年度	7 問	●一様流の境界層　●パスカルの原理　●傾斜マノメータ ●渦の運動　●噴流が及ぼす力　●相似則　●ピトー管

平成 21 年度	7 問	●ハーゲン・ポアズイユの式　●運動量の法則 ●パスカルの原理　●物体まわりの流れ　●水車の理論揚程 ●境界層の厚み　●レイノルズ数
平成 22 年度	7 問	●レイノルズの相似則　●二次元定常流れの連続の式 ●浮力　●流体機械の動力　●噴流が物体に及ぼす力 ●ベンチュリ管　●レイノルズ数
平成 23 年度	6 問	●ベルヌーイの定理（2 問）　●流体機械の動力 ●クエット流れ　●曲がり円管　●流れの相似則
平成 24 年度	6 問	●カルマン渦　●浮力　●ベルヌーイの定理 ●噴流が物体に及ぼす力 ●ハーゲンポアズイユ・ダルシーワイズバッハの式　●境界層
平成 25 年度	6 問	●傾斜マノメータ　●運動量保存の法則　●曲がり円管 ●相似則　●ベルヌーイの式　●流体機械の動力
平成 26 年度	6 問	●抗力　●航空機先端の圧力上昇　●円管内の流れ・粘性係数 ●レイノルズ数　●ノズルの流れ　●連続の式
平成 27 年度	7 問	●重力流れ　●管内の流速　●回転流体の水面形状　●球の抗力 ●平板に当たる噴流　●円管内の流れ　●ファンの効率
平成 28 年度	6 問	●傾斜マノメータ　●U 字管マノメータ　●流体力学用語（2 問） ●円筒内のノズルによる圧力差　●平板に働く力
平成 29 年度	6 問	●水銀柱のつり合い　●縮小管の圧力差　●渦の圧力分布 ●曲面に当たる噴流　●スプリンクラーの角速度 ●円管内部の流れ
平成 30 年度	6 問	●回転流体の水面形状　●管内での流速　●助走距離 ●急拡大管の圧力差　●境界層の速度　●翼まわりの流速
令和元年度	7 問	●よどみ点　●ファンのエネルギー効率　●流体力学用語 ●ジェットエンジンの流速　●噴流が及ぼす力 ●定常流の及ぼす力　●境界層
令和元年度 （再試験）	7 問	●重力流れ　●マノメータ　●連続の式　●定常流の及ぼす力 ●渦度　●空気の振動　●平板上の流れ
令和 2 年度	6 問	●連続の式　●粘性応力　●渦度　●よどみ点　●流れ場 ●球の抗力
令和 3 年度	7 問	●抗力　●境界に平行な二次元流れ　●レイノルズ数と層流乱流 ●抗力比　●カルマン渦の放出周波数　●連続の式 ●縮小円管内の流速
令和 4 年度	6 問	●毛細管現象　●速度勾配とせん断応力による流体の名称 ●液表面の流速　●渦度　●流れ場　●境界層の特性
令和 5 年度	6 問	●粘性流体の速度　●直円管の助走距離　●縮小円管内の流速 ●連続の式　●円管内の流れ　●重力流れ

第5章
令和5年度第一次試験
問題・解答・解説

┌──────────────┐
│ 学習のポイント │
└──────────────┘

　この章では、現時点で最新の問題である令和5年度の問題の掲載と、その解答・解説を行います。

　最初に、全問題を掲載します。そのため、実際の試験と同じように問題を解くことが可能になります。まずは自力で問題を解いてみましょう。（実際の試験では、35問中25問を選択して解答。）

　次に問題の解答と解説を行います。どれくらい正解することができたか答えを合わせて、どのような問題を解くことができなかったかを把握しましょう。また、どのように正解を導き出すのかを正しく理解するようにしましょう。

　最新の問題を解いてどのような問題が出題されているのかを知ることが、技術士第一次試験とはどのような試験かを知るための近道といえます。自分の得意分野や不得意分野などを把握して、今後の勉強に活かしましょう。

[問 題 編]

問題1　強度設計に関する次の記述のうち、不適切なものはどれか。

① 使用応力は、基準強さより小さい。

② 基準強さは、材料、荷重条件、使用環境などの因子を考慮して決定する。

③ 安全率は、材料、荷重条件、使用環境などの因子を考慮して決定する。

④ 許容応力に安全率を乗じた値は、基準強さに等しい。

⑤ 許容応力は、部材に作用することを許す最小の応力である。

問題2　構造用鋼をJIS 4号試験片（直径 $d_0 = 14.0$ mm、標点距離 $l_0 = 50.0$ mm）によって引張試験を行った結果、降伏荷重 P_S は52.2 kN、最高荷重 P_{MAX} は72.4 kNで最大荷重時での伸び量 $\lambda_B = 10.1$ mm、破断時での伸び量 $\lambda_F = 21.3$ mmを記録した。引張強さを真応力（実応力）$(\sigma_B)_t$ で表したとき、最も適切なものはどれか。

① 339 MPa

② 408 MPa

③ 470 MPa

④ 565 MPa

⑤ 671 MPa

問題3　図に示す同一材料で同一断面積の3つの棒材が、左右対称に回転自由な節点で結合された骨組構造がある。節点Cに鉛直方向の引張荷重 P が与えられたとき、C点の鉛直方向変位 δ として、適切なものはどれか。ただし、棒材の縦弾性係数を E、断面積を A、AC及びBCの長さを l とする。また変形量 δ 及びAC、BCの両部材の伸び δ' はとても小さく、変形後の角度 $\angle AC'D$ 及び $\angle BC'D$ は、変形前の角度 α とほぼ等しいとする。

① $\delta = \dfrac{Pl}{AE}\dfrac{\cos\alpha}{1 + 2\cos^3\alpha}$

② $\delta = \dfrac{Pl}{AE}\dfrac{\sin\alpha}{1 + 2\cos^3\alpha}$

③ $\delta = \dfrac{Pl}{AE}\dfrac{\cos\alpha}{1 + \cos^3\alpha}$

④ $\delta = \dfrac{Pl}{AE}\dfrac{2\cos\alpha}{1 + \sin^3\alpha}$

⑤ $\delta = \dfrac{Pl}{AE}\dfrac{2\cos\alpha}{1 + \cos^3\alpha}$

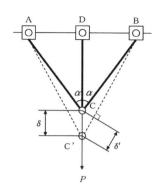

問題 4　図に示すように、一様断面の長さ l の単純支持はりに等分布荷重 w が作用している。はりの最大曲げモーメント M_{MAX} として、適切なものはどれか。

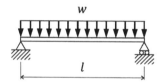

① $M_{\mathrm{MAX}} = \dfrac{wl^2}{16}$　　② $M_{\mathrm{MAX}} = \dfrac{wl^2}{8}$　　③ $M_{\mathrm{MAX}} = \dfrac{wl^2}{4}$

④ $M_{\mathrm{MAX}} = \dfrac{wl^2}{2}$　　⑤ $M_{\mathrm{MAX}} = wl^2$

問題 5　高さ 60 mm、幅 20 mm の長方形断面の鋼鉄製棒の両端に図に示すように大きさが等しく、向きが逆のモーメントが作用している。この棒が降伏するときの曲げモーメント M として、適切なものはどれか。ただし、降伏応力 $\sigma_{\mathrm{S}} = 250$ MPa とする。

① $M = 0.090$ [kN・m]

② $M = 1.5$ 　[kN・m]

③ $M = 3.0$ 　[kN・m]

④ $M = 6.0$ 　[kN・m]

⑤ $M = 18$ 　[kN・m]

問題6　直径40 mm、伝達動力50 kW の伝動軸を 200 rpm で回転させた場合、伝動軸に生じる最大せん断応力に最も近い値はどれか。

① 8 MPa　　② 15 MPa　　③ 95 MPa

④ 190 MPa　　⑤ 380 MPa

問題7　下図に示すように長さ l の柱がある。柱の上端は水平方向の変位と回転が拘束されており、鉛直方向には自由に動くことができる。一方、柱の下端は鉛直方向の変位と回転が拘束されており、水平方向には自由に動くことができる。この柱の曲げ剛性を EI とすると座屈荷重として、適切なものはどれか。

① $\dfrac{4\pi^2 EI}{l^2}$

② $\dfrac{2\pi^2 EI}{l^2}$

③ $\dfrac{\pi^2 EI}{l^2}$

④ $\dfrac{\pi^2 EI}{4l^2}$

⑤ $\dfrac{\pi^2 EI}{16l^2}$

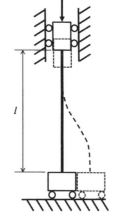

問題8　内径100 mm、肉厚1 mm の薄肉の円筒状圧力容器がある。この容器に一定の内圧を加え、端部から離れた円筒部中央の外壁における円筒軸方向のひずみを測定したところ、40×10^{-6} であった。加えた内圧に最も近い値はどれか。ただし、材料の縦弾性係数は200 GPa、ポアソン比は0.3とする。

① 0.1 MPa

② 0.2 MPa

③ 0.4 MPa

④ 0.6 MPa

⑤ 0.8 MPa

問題 9　下図に示すような中空円筒に引張荷重 P とねじりモーメント T を同時に負荷したところ、円筒表面に $\sigma_x = 20$ MPa、$\tau_{xy} = -15$ MPa の応力が生じた。このとき、円筒表面における最大主応力に最も近い値はどれか。

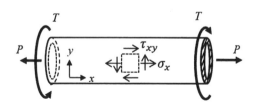

①　35 MPa　　②　28 MPa　　③　25 MPa

④　20 MPa　　⑤　15 MPa

問題 10　下図に示すように、楕円孔を有する無限に広い一様な厚さの板に一軸の引張応力 σ を負荷するとき、楕円孔の縁に応力集中によって生じる最大引張応力が最も低くなるときの $2a$ と $2b$ の組合せとして、適切なものはどれか。

	$\underline{2a}$	$\underline{2b}$
①	10 mm	40 mm
②	10 mm	20 mm
③	40 mm	40 mm
④	20 mm	10 mm
⑤	40 mm	10 mm

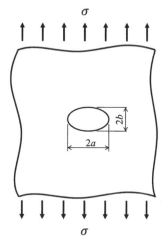

問題11　次の状態方程式、出力方程式で表される系が不可観測となるとき、aの値として、適切なものはどれか。

$$\dot{x} = \begin{bmatrix} 0 & 1 & 0 \\ 0 & 0 & 1 \\ 2 & 1 & a \end{bmatrix} x + \begin{bmatrix} 0 \\ 0 \\ 1 \end{bmatrix} u$$

$$y = \begin{bmatrix} -1 & 1 & 0 \end{bmatrix} x$$

① -4　② -2　③ 0　④ 2　⑤ 4

問題12　ステップ目標値に出力 $y(t)$ を追従させることを目的とした下図の制御系において、定常位置偏差が0となるゲイン K として、適切なものはどれか。

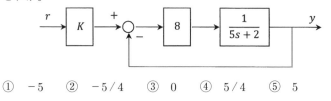

① -5　② $-5/4$　③ 0　④ $5/4$　⑤ 5

問題13　次のブロック線図の入力 X と出力 Y の間の伝達関数として、適切なものはどれか。

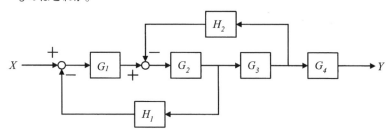

①　$G_1 G_2 G_3 G_4$　②　$\dfrac{G_1 G_2 G_3 G_4}{1 + G_1 G_2 G_3 G_4 H_1 H_2}$

③　$\dfrac{G_1 G_2}{1 + H_1 G_2 G_3} \cdot \dfrac{G_2 G_3}{1 + H_2 G_2 G_3} \cdot G_4$

④　$\dfrac{G_1 G_2 G_3 G_4}{1 + H_1 G_1 G_2 + H_2 G_3 G_4}$　⑤　$\dfrac{G_1 G_2 G_3 G_4}{1 + H_1 G_1 G_2 + H_2 G_2 G_3}$

問題14　次の特性方程式を持つフィードバック制御系のうち、安定な系として、適切なものはどれか。ただし、sは複素数でラプラス変換のパラメータとする。

① $s^3 + 20s^2 + 9s + 200 = 0$

② $s^3 + 20s^2 - 9s + 200 = 0$

③ $s^3 + 20s^2 + 9s + 100 = 0$

④ $s^3 + 20s^2 - 9s + 100 = 0$

⑤ $s^3 + 20s^2 + 9s = 0$

問題15　下図のように、質量m、長さlの一様な棒の重心Gを通るy_G軸、及び端点Oを通るy_O軸まわりの慣性モーメントの組合せとして、適切なものはどれか。

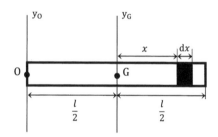

① 重心Gを通るy_G軸まわり：$\dfrac{ml^2}{12}$、　端点Oを通るy_O軸まわり：$\dfrac{ml^2}{3}$

② 重心Gを通るy_G軸まわり：$\dfrac{ml^2}{24}$、　端点Oを通るy_O軸まわり：$\dfrac{ml^2}{3}$

③ 重心Gを通るy_G軸まわり：$\dfrac{ml^2}{3}$、　端点Oを通るy_O軸まわり：$\dfrac{ml^2}{3}$

④ 重心Gを通るy_G軸まわり：$\dfrac{ml^2}{12}$、　端点Oを通るy_O軸まわり：$\dfrac{ml^2}{8}$

⑤ 重心Gを通るy_G軸まわり：$\dfrac{ml^2}{24}$、　端点Oを通るy_O軸まわり：$\dfrac{ml^2}{8}$

問題16 下図のように、長さ l の両端支持はりの中央に質量 m のおもりをのせたところ、はりの中央で h だけたわむことがわかった。はりの質量はおもりの質量に比べて十分小さいとしたとき、この系の固有角振動数として、適切なものはどれか。ただし、重力加速度を g とし、はりからおもりが離れることはないものとする。

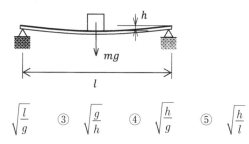

① $\sqrt{\dfrac{g}{l}}$　② $\sqrt{\dfrac{l}{g}}$　③ $\sqrt{\dfrac{g}{h}}$　④ $\sqrt{\dfrac{h}{g}}$　⑤ $\sqrt{\dfrac{h}{l}}$

問題17 下図のように、断面積 A のU字管において密度 ρ、長さ L の液体が破線で示す静的なつり合い位置を中心に自由振動している。この周期として、適切なものはどれか。ただし、重力加速度を g とし、U字管と液体の摩擦は無視できるものする。

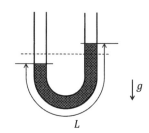

① $2\pi\sqrt{\dfrac{L}{g}}$　② $2\pi\sqrt{\dfrac{g}{L}}$　③ $\dfrac{1}{2\pi}\sqrt{\dfrac{g}{L}}$

④ $4\pi\sqrt{\dfrac{L}{g}}$　⑤ $2\pi\sqrt{\dfrac{L}{2g}}$

問題18 下図に示す2自由度振動系の固有角振動数ωを求めるための振動数方程式として、適切なものはどれか。

① $m^2\omega^4 - 2mk\omega^2 + k^2 = 0$

② $m^2\omega^4 - 3mk\omega^2 + k^2 = 0$

③ $m^2\omega^4 - 2mk\omega^2 - k^2 = 0$

④ $m^2\omega^4 - 3mk\omega^2 + 2k^2 = 0$

⑤ $m^2\omega^4 - 4mk\omega^2 + 3k^2 = 0$

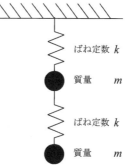

問題19 下図のように、一端が回転支持されて、他端がロープで支えられた一様な棒の先端に、質量mのおもりを吊り下げる。ロープが水平と$30°$の角をなすとき、棒と反力Rのなす角をθとする。このとき、支点における反力Rとロープの張力T、反力Rのなす角θの組合せとして、適切なものはどれか。ただし、重力加速度はgとし、棒の質量は無視できるものとする。

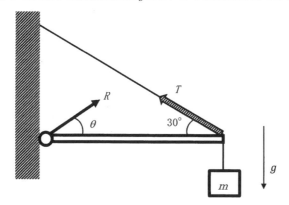

① $R = 2mg$, $T = 2mg$, $\theta = 30°$

② $R = \sqrt{3}mg$, $T = 2mg$, $\theta = 0°$

③ $R = 2mg$, $T = \sqrt{3}mg$, $\theta = 0°$

④ $R = \dfrac{\sqrt{3}}{2}mg$, $T = 2mg$, $\theta = 0°$

⑤ $R = \dfrac{1}{\sqrt{3}}mg$, $T = 2mg$, $\theta = 0°$

問題20　振動系における減衰振動に関する次の記述のうち、不適切なものは
どれか。

① 　減衰比は1より大きくなることはない。

② 　減衰が存在せず、系が振動するとき、共振時の応答は無限大の振幅に
なる。

③ 　減衰が存在し、系が振動するとき、自由振動は時間とともにゼロに収
束する。

④ 　減衰が存在し、系が振動するとき、固有角振動数は減衰がないときに
比べて小さくなる。

⑤ 　系が外部からの励振により強制振動するとき、周波数応答における位
相差の変化は、減衰があるときのほうが（減衰がないときに比べて）ゆ
るやかになる。

問題21　下図のように、水平回転軸を持つ半径 a、質量 M の円柱に糸を巻き
付け、その自由端に質量 m のおもりがつけてある。いま、この円柱に、糸
が巻かれる向きに初期角速度 ω_0 を与えたとき、止まるまでにおもりが上が
る距離として、適切なものはどれか。ただし、重力加速度は g とし、糸の
質量は無視できるものとする。また、摩擦や空気抵抗のような非保存力は
一切作用しないものとする。

① 　$\dfrac{a^2\omega_0^2}{2mg}M$

② 　$\dfrac{a^2\omega_0^2}{4mg}M$

③ 　$\dfrac{a^2\omega_0^2}{2g}$

④ 　$\dfrac{(M+m)a^2\omega_0^2}{2mg}$

⑤ 　$\dfrac{(M+2m)a^2\omega_0^2}{4mg}$

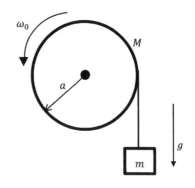

問題22　「弦の横振動（波動）」を表す運動方程式（波動方程式）として、適切なものはどれか。ただし、u は弦の微小要素の変位または角変位、m は質量、k はばね定数、T は張力、ρ は密度または線密度、E は縦弾性係数、G は横弾性係数、I は断面 2 次モーメント、A は断面積、t は時間、x は弦の長手方向座標を表すものとする。

① $\dfrac{d^2u}{dt^2} = -\dfrac{k}{m}\,u$
② $\dfrac{\partial^2u}{\partial t^2} = \dfrac{T}{\rho}\dfrac{\partial^2u}{\partial x^2}$
③ $\dfrac{\partial^2u}{\partial t^2} = \dfrac{E}{\rho}\dfrac{\partial^2u}{\partial x^2}$

④ $\dfrac{\partial^2u}{\partial t^2} = \dfrac{G}{\rho}\dfrac{\partial^2u}{\partial x^2}$
⑤ $\dfrac{\partial^2u}{\partial t^2} = -\dfrac{EI}{\rho A}\dfrac{\partial^4u}{\partial x^4}$

問題23　理想気体に関する次の記述のうち、最も不適切なものはどれか。
①　温度一定の状態では、圧力と容積の積が一定である。
②　比熱比とは、定圧比熱を定積比熱で割った値である。
③　一般気体定数は、気体の種類に依らず一定である。
④　比エンタルピー変化は、定積比熱と温度差の積で表される。
⑤　2 原子気体の比熱比は、3 原子気体の比熱比よりも大きい。

問題24　質量 1.00 kg の理想気体を一定圧力の下で温度を 200 K から 600 K まで加熱した。このとき、（ア）内部エネルギー変化量、（イ）エンタルピー変化量、（ウ）エントロピー変化量、（エ）加えられた熱量、の組合せとして、最も適切なものはどれか。ただし、理想気体の定積比熱は 1.71 kJ／(kg・K)、定圧比熱は 2.23 kJ／(kg・K) とし、自然対数 ln3 ≒ 1.10 とする。

	ア	イ	ウ	エ
①	892 kJ	684 kJ	2.45 kJ/K	684 kJ
②	684 kJ	892 kJ	2.45 kJ/K	892 kJ
③	892 kJ	684 kJ	1.88 kJ/K	684 kJ
④	684 kJ	892 kJ	1.88 kJ/K	892 kJ
⑤	892 kJ	684 kJ	1.88 kJ/K	892 kJ

問題25 次の記述の、 に入る数字の組合せとして、最も適切なもの
はどれか。

　ある層流強制対流条件下で、ヌセルト数Nuはレイノルズ数Reの1/2乗
とプラントル数Prの1/3乗の積に比例する形で表されるとする（Nu∝
$\text{Re}^{1/2} \times \text{Pr}^{1/3}$）。このとき、対流熱伝達率は流体の熱伝導率の ア 乗、
粘性率の イ 乗に比例する。

	ア	イ
①	-1/3	-1/6
②	1/3	-5/6
③	-1/3	-5/6
④	2/3	-1/6
⑤	4/3	-5/6

問題26 熱機関に関する次の記述のうち、適切なものはどれか。

① オットーサイクルの理論サイクルは、断熱過程と等温過程で構成される。

② ディーゼルサイクルの理論サイクルは、断熱過程と等積過程、等圧過
程で構成される。

③ 圧縮比が等しいとき、オットーサイクルの理論熱効率はディーゼルサ
イクルより小さい。

④ ディーゼルサイクルにおいて、圧縮比を低くすると理論熱効率は向上
する。

⑤ オットーサイクルの理論熱効率は、使用する作動流体の比熱比が小さ
いほど大きい。

問題27 温度300℃における乾き度0.650の湿り蒸気の比エントロピーに最
も近い値はどれか。ただし、この温度における飽和水、飽和蒸気の比エン
トロピーを、それぞれ3.255 kJ/(kg・K)、5.706 kJ/(kg・K) とする。

① 2.00 kJ/(kg・K) 　　② 3.70 kJ/(kg・K)

③ 4.11 kJ/(kg・K) 　　④ 4.48 kJ/(kg・K)

⑤ 4.85 kJ/(kg・K)

問題28　直径1.5 mmの金属線が温度300 Kの水中に水平に設置されている。金属線を加熱すると、金属線の表面温度が350 Kで一定となった。金属線の単位長さ当たりの発熱量を150 W/mとすると、金属線表面と水の間の熱伝達率として、最も近い値はどれか。

① 3.0×10^1 W / $(m^2 \cdot K)$

② 3.2×10^2 W / $(m^2 \cdot K)$

③ 6.4×10^2 W / $(m^2 \cdot K)$

④ 1.3×10^3 W / $(m^2 \cdot K)$

⑤ 2.0×10^3 W / $(m^2 \cdot K)$

問題29　厚さ60.0 mmのコンクリート壁の表面に厚さ50.0 mmの鉄板が貼り合わさっている。鉄板の表面は温度20.0 ℃の外気に接しており、コンクリート壁の表面は温度500 ℃に保たれている。このとき、コンクリート壁と鉄板の界面の温度として、最も近い値はどれか。ただし、コンクリートと鉄の熱伝導率はそれぞれ1.00 W / $(m \cdot K)$、40.0 W / $(m \cdot K)$ とし、鉄とコンクリートの間における接触熱抵抗は無視できるとする。

① 29.8 ℃

② 31.7 ℃

③ 34.0 ℃

④ 260 ℃

⑤ 490 ℃

問題30　図に示す高さ H の二次元平行平板間流路に粘性係数 μ のニュートン流体が満たされている。上下壁ともに静止し、x 方向に一定の圧力勾配 K で流れを駆動し、層流のとき、x 方向速度 u は

$$u(y) = \frac{K}{2\mu}\left(-y^2 + Hy\right)$$

であった。圧力勾配 K で駆動したまま、上側平板のみを速度 V で x 軸に平行に動かしたところ、流れは層流のまま、上側平板の壁面せん断応力は0となった。このとき、上側平板の速度 V として、適切なものはどれか。

① $V = \dfrac{K}{2\mu} H^2$

② $V = \dfrac{K}{\mu} H^2$

③ $V = -\dfrac{K}{2\mu} H^2$

④ $V = \dfrac{K}{12\mu} H^2$

⑤ $V = \dfrac{K}{8\mu} H^2$

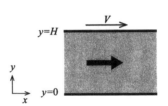

問題31 流れが管入り口から発達した流れに達する区間を助走区間という。助走区間の長さである助走距離 L_e は、内径 d の直円管流れにおいてレイノルズ数を Re とすれば、層流では $L_e / d =$（0.06～0.065）Re、乱流では $L_e / d = 20～40$ である。内径が0.20 mの直円管で、動粘性係数 1.0×10^{-6} m^2/sの水を、流量0.5 m^3/sで流すとき、この直円管の助走距離 L_e として、最も適切なものはどれか。

① 0.2 m ② 1.2 m ③ 6.0 m ④ 12 m ⑤ 40 m

問題32 図に示す円管に密度を ρ とする流体が流れている。管内はいかなる損失はなく、定常流れであり、流れの圧縮性も無視できる。断面1の半径を r_1、断面2の半径を r_2 とし、断面1と2の圧力差は Δp（>0）であった。このときの断面2の速度 u として、適切なものはどれか。

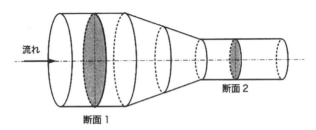

流れ

断面1

断面2

① $\quad u = \sqrt{\dfrac{\Delta p}{\rho\left(1 - \left(\dfrac{r_1}{r_2}\right)^4\right)}}$

② $\quad u = \sqrt{\dfrac{\Delta p}{\rho\left(1 - \left(\dfrac{r_2}{r_1}\right)^4\right)}}$

③ $\quad u = \sqrt{\dfrac{\Delta p}{\dfrac{1}{2}\rho\left(1 - \left(\dfrac{r_1}{r_2}\right)^4\right)}}$

④ $\quad u = \sqrt{\dfrac{\Delta p}{\dfrac{1}{2}\rho\left(\left(\dfrac{r_2}{r_1}\right)^4 - 1\right)}}$

⑤ $\quad u = \sqrt{\dfrac{\Delta p}{\dfrac{1}{2}\rho\left(1 - \left(\dfrac{r_2}{r_1}\right)^4\right)}}$

問題33　xy 平面上の2次元非圧縮性流れにおいて、x 方向の速度 u が次式で与えられている。

$$u = x^2 + xy$$

　このとき、y 方向の速度 v の必要条件を満たす式として、適切なものはどれか。

① $\quad v = y - 2xy - \dfrac{1}{2}y^2$

② $\quad v = -\dfrac{1}{2}y^2$

③ $\quad v = -xy - \dfrac{1}{2}y^2$

④ $\quad v = -2xy - \dfrac{1}{2}y^2$

⑤ $\quad v = -2x - y$

問題34 円管内の完全に発達した流れを考える。流体はニュートン流体とし、断面平均流速、管の直径により定義されるレイノルズ数をReとする。また、管内の壁面は流体力学的に十分になめらかであるとする。この流れを説明する次の記述のうち、不適切なものはどれか。

① 流れが乱流のとき、放物線の速度分布になる。

② 乱流域では、流れに不規則な渦運動が励起され、流体の混合が促進される。

③ 乱流域では、レイノルズ数の増加とともに管摩擦係数は小さくなる。

④ 通常、レイノルズ数が2300程度を越えると、流れは層流から乱流に遷移する。

⑤ 流れが層流のとき、管摩擦係数は $64 / \mathrm{Re}$ となる。

問題35 静止した床に置かれた大きな容器に水が満たされ、水面から深さ h の側壁に小さな穴が空いている。このとき、側壁の穴から定常的に流れ出る水の流速は V であった。水面から深さ h として、適切なものはどれか。ただし、水の密度を ρ、重力加速度を g とし、粘性の影響は無視する。

① $4V^2 / g$ ② $2V^2 / g$ ③ V^2 / g

④ $V^2 / (2g)$ ⑤ $V^2 / (4g)$

［解 答 ・ 解 説 編］

■問題1

【ポイントマスター】

（平成28年度　問題1）と同じ問題です。許容応力や安全率をどのように取るかは実際の設計において重要です。関連する用語の意味を正確に理解し、間違いのない設計に活かしましょう。

【解説】

「許容応力は部材に作用することを許す**最大**の応力」である。以上より、⑤が正解となる。

許容応力を超えると、破壊や大きな変形を起こすため、構造物設計の際には、許容応力に対して十分に余裕を持つようにする必要がある。

【解答】⑤

 許容応力、安全率、基準強さ、使用応力

■問題2

【ポイントマスター】

真応力と公称応力の違いに関する問題です。材料に荷重を加えると、変形します。公称応力は、変形前の断面積で計算するのと比べ、真応力は変形後の断面積で計算します。この違いを整理しておきましょう。

【解説】

引張強さは最大荷重時の応力である。最大荷重時の試験片の直径を d_1 とすると、変形前後で試験片の体積は変化しないので、

$$\frac{\pi d_0^2}{4} \times l_0 = \frac{\pi d_1^2}{4} \times \left(l_0 + \lambda_\mathrm{B}\right)$$

となり、ここにそれぞれの値を代入し、d_1 を求めると、

$$d_1 = \sqrt{4 \times \frac{\dfrac{\pi d_0^2}{4} \times l_0}{\pi \left(l_0 + \lambda_\mathrm{B}\right)}} = \sqrt{\frac{d_0^2 \times l_0}{l_0 + \lambda_\mathrm{B}}} = d_0 \times \sqrt{\frac{l_0}{l_0 + \lambda_\mathrm{B}}}$$

$$= 14 \times \sqrt{\frac{50}{50 + 10.1}} \cong 12.77 \ [\mathrm{mm}]$$

引張強さの真応力（$(\sigma_{\mathrm{B}})_t$）は、最高荷重 P_{MAX} を変形後の試験片の断面積で割れば求められる。

$$(\sigma_{\mathrm{B}})_t = \frac{P_{\mathrm{MAX}}}{\dfrac{\pi d_1^2}{4}} = 72.4 \times \frac{10^3 \mathrm{N}}{\dfrac{\pi \times 12.77^2}{4}} = 565 \ [\mathrm{N/mm^2}] = 565 \times 10^6 \ [\mathrm{N/m^2}]$$
$$= 565 \ [\mathrm{MPa}]$$

以上より、正解は④となる。

【解答】④

 引張試験、降伏荷重、最高荷重、引張強さ、真応力、公称応力

■問題3

【ポイントマスター】

（令和元年度　問題2）、（令和3年度　問題3）と類似問題です。

骨組み構造の変形量を求める問題です。実務でもしばしば目にする構造だと思います。節点の力のつり合い、変形量に関する式を立てて解いていきましょう。

【解説】

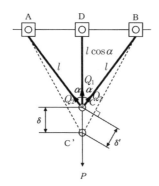

棒材DCに働く力を Q_1、棒材ACおよびBCに働く力を Q_2 とすると、節点Cの力のつり合いから、

$$P = Q_1 + 2Q_2 \cos \alpha \quad \cdots\cdots (1)$$

となる。

節点の変形量は、

$$\delta' = \delta \cos\alpha \quad \cdots\cdots (2)$$

である。

また、棒材に働く力と変位量の関係式より

$$\delta = \frac{Q_1 l \cos\alpha}{AE} \quad \cdots\cdots (3)$$

$$\delta' = \frac{Q_2 l}{AE}$$

である。

δ、δ' を式 (2) に代入して、

$$\frac{Q_2 l}{AE} = \frac{Q_1 l \cos\alpha}{AE} \times \cos\alpha$$

式を変形して

$$Q_2 = \cos^2\alpha Q_1$$

Q_2 を式 (1) に代入して、

$$P = Q_1 + 2\cos^3\alpha Q_1$$
$$= \left(1 + 2\cos^3\alpha\right)Q_1$$

したがって、

$$Q_1 = \frac{P}{1 + 2\cos^3\alpha}$$

Q_1 を式 (3) に代入して、

$$\delta = \frac{P}{1 + 2\cos^3\alpha} \cdot \frac{l\cos\alpha}{AE}$$
$$= \frac{Pl}{AE} \cdot \frac{\cos\alpha}{1 + 2\cos^3\alpha}$$

を得る。

以上より、正解は①となる。

【解答】①

 骨組構造、節点、変形

■問題4

【ポイントマスター】

（令和元年度　問題5）、（令和元年度　問題4）と類似の問題です。はりの曲げに関する問題は頻出です。曲げモーメントの求め方は、理解しておきましょう。

【解説】

等分布荷重が作用する単純支持はりの最大曲げモーメントは、はりの中央に発生する。はり中央で生じている曲げモーメント M_{MAX} は、等分布荷重 w を使用した、$x = 0$ から $x = \dfrac{l}{2}$ の区間における wx の積分値であり以下の式で算出できる。

$$M_{\mathrm{MAX}} = \int_0^{\frac{l}{2}} wx\,\mathrm{d}x = w\left[\frac{1}{2}x^2\right]_0^{\frac{l}{2}} = \frac{wl^2}{8}$$

以上より、正解は②となる。

【解答】②

 単純支持はり、等分布荷重、曲げモーメント

■問題5

【ポイントマスター】

はりの曲げに関する問題は頻出です。曲げモーメントにより発生する曲げ応力を理解しておきましょう。

【解説】

曲げモーメント M により発生する曲げ応力を σ とし、断面係数を Z とすると

$$\sigma = \frac{M}{Z}$$

で表せる。はりの高さを h、幅を b とすると、$Z = \dfrac{bh^2}{6}$ であるので、求めようとする曲げモーメント M は、

$$M = \sigma Z = \sigma \times \frac{bh^2}{6}$$

である。ここに $\sigma_{\mathrm{S}} = 250\,[\mathrm{MPa}]$、$h = 60\,[\mathrm{mm}]$、$b = 20\,[\mathrm{mm}]$ を代入し、棒

が降伏するときの曲げモーメント M を計算する。

$$M = 250 \,[\text{MPa}] \times \dfrac{20\,[\text{mm}] \times 60^2\,[\text{mm}^2]}{6}$$

$$= 250 \times 10^6\,[\text{N}/\text{m}^2] \times \dfrac{20 \times 60^2}{6} \times 10^{-9}\,[\text{m}^3]$$

$$= 3.0 \times 10^3\,[\text{N}\cdot\text{m}] = 3.0\,[\text{kN}\cdot\text{m}]$$

単位の換算には注意が必要。

以上より、正解は③となる。

【解答】③

 はり、曲げモーメント、曲げ応力、断面係数

■問題6

【ポイントマスター】

（平成29年度　問題7）など、軸の動力伝達に関する問題は頻出されています。

基本的なパターンは暗記しておきましょう。

【解説】

本出題は、中実丸軸のねじりに関する出題です。

そのせん断応力 τ は、トルク T、半径 r を用いて、以下のように表せる。

$$\tau = \frac{Tr}{I_p} \quad \cdots\cdots\,(1)$$

中実丸軸の断面二次極モーメント I_p は頻出であり、覚えておくこと。

$$I_p = \frac{\pi d^4}{32} \quad \cdots\cdots\,(2)$$

ここで、仕事率の単位が ［N・m/s］ なので回転数 N ［rpm］ は 60 ［s］ で割ることに注意すると、回転軸のトルク T は、伝達動力 P ［W］ と回転数 N ［rpm］ を用いて

$$T = \frac{60P}{2\pi N} \quad \cdots\cdots\,(3)$$

と表せます。

式 (2) および式 (3) を式 (1) に代入すると、そのせん断応力 τ は、

$$\tau = \frac{Tr}{I_p}$$
$$= \frac{60P}{2\pi N} \cdot \frac{d}{2} \cdot \frac{32}{\pi d^4}$$
$$= \frac{480P}{\pi^2 N d^3}$$

となる。

したがって、出題文より、伝達動力 P [W] $= 50 \times 10^3$、回転数 N [rpm] $= 200$、直径 $d = 40 \times 10^{-3}$ を代入すると、

$$\tau = \frac{480P}{\pi^2 N d^3} = \frac{480 \times 50 \times 10^3}{\pi^2 \times 200 \times 40^3 \times 10^{-9}} = 190 \times 10^6 \ [\text{Pa}]$$

となる。

以上より、正解は④となる。

【解答】④

 ねじり、断面二次極モーメント、仕事率、トルク

■問題7

【ポイントマスター】

（令和4年度　問題9）（令和3年度　問題7）など、長柱の弾性座屈に関する問題はほぼ毎年出題されています。オイラーの理論式を覚えておけば解ける問題が多いので、基本的なパターンは暗記しておきましょう。

【解説】

比例限度以内における座屈荷重は、オイラーの理論式により表すことができ、柱の端末条件における係数を n と置いたとき、一般式は以下のようになる。

$$P_{cr} = n \frac{\pi^2 EI}{l^2}$$

両端の拘束条件により係数 n は異なり、以下のようなものがある。

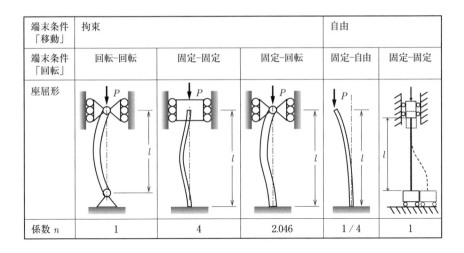

端末条件「移動」	拘束			自由	
端末条件「回転」	回転-回転	固定-固定	固定-回転	固定-自由	固定-固定
座屈形					
係数 n	1	4	2.046	1 / 4	1

　したがって、設問では両端の端末条件は、「移動」：自由、「回転」：固定-固定であることから、$n = 1$である。

　以上より、正解は③となる。

【解答】③

　オイラーの理論式、座屈端末条件、座屈荷重、断面二次モーメント

■問題8

【ポイントマスター】

　（令和 2 年度　問題 10）など、内圧を受ける薄肉円筒に働く応力に関する問題は頻出問題です。さらに本問では、ひずみとポアソン比の関係も問われています。円筒軸方向と円周方向の 2 方向に注意してそれぞれ解法を確認しましょう。

【解説】

　薄肉円筒には、内圧によって軸方向と円周方向の両方に引張りの応力がかかる。本問は、円周方向のひずみによるポアソン比を考慮したうえで、軸方向のひずみを考慮する問題である。よって、薄肉円筒にかかる応力を、軸方向 σ_z と円周方向 σ_θ とでそれぞれ求める。

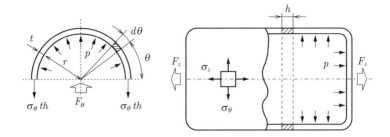

まず、軸方向σ_zを考える。

軸方向に引張る力F_zは、円筒の底面積$\pi\left(\dfrac{d}{2}\right)^2$に内圧$p$をかけたものであるから、

$$F_z = \frac{1}{4}\pi d^2 p \quad \cdots\cdots (1)$$

軸方向に直角な平面での断面積A_zは、$d \gg t$の場合、円周と厚みtの積である。

断面積A_zは、$A_z = 2\pi\dfrac{d}{2}t = \pi dt$

その断面にかかる軸方向σ_zは、$F_z = A_z\sigma_z = \pi dt\sigma_z \quad \cdots\cdots (2)$

と表せる。

式(1)と式(2)からF_zを消去すると、

$$\pi dt\sigma_z = \frac{1}{4}\pi d^2 p \text{、 つまり、 } \sigma_z = \frac{dp}{4t} \quad \cdots\cdots (3)$$

次に、円周方向σ_θを考える。

円周方向に引張る力F_θは左図のように、円筒軸を通る平面で切った半分の円弧を上下に押し広げようとする力である。

圧力pの上下方向成分は$p\sin\theta$であり、$d\theta$における円筒の表面積は$h\dfrac{d}{2}d\theta$である。

F_θはこれらの積を、θで0からπまで積分したものである。

よって、

$$F_\theta = \int_0^\pi p\sin\theta \cdot h\frac{d}{2}d\theta = ph\frac{d}{2}\int_0^\pi \sin\theta d\theta$$
$$= ph\frac{d}{2}\big[-\cos\theta\big]_0^\pi = phd \quad\quad\quad \cdots\cdots (4)$$

このF_θに対抗する荷重は、断面積$2th$と円筒方向応力σ_θの積である。

$$F_\theta = 2th\sigma_\theta \quad \cdots\cdots (5)$$

式(4)と式(5)からF_θを消去すると、

$$2th\sigma_\theta = pdh 、\quad つまり、\quad \sigma_\theta = \frac{dp}{2t} \quad \cdots\cdots (6)$$

（令和元年度　問題10）であれば、ここまでのσ_zとσ_θを求めるだけでよいが、本問はここからさらにひずみの計算を行う。

フックの法則$\sigma = E\varepsilon$より、$\varepsilon = \dfrac{\sigma}{E}$　であるが、ここでは円周方向応力σ_θによるポアソン比νの影響をこの軸方向のひずみε_zに加える必要がある。

円周方向応力σ_θによるポアソン比νの軸方向ひずみに与える影響は、

$-\nu\varepsilon_\theta = -\nu\dfrac{\sigma_\theta}{E}$である。

よって、$\varepsilon_z = \dfrac{\sigma_z}{E} - \nu\dfrac{\sigma_\theta}{E}$

これにσ_zとσ_θを代入する。

$$\varepsilon_z = \frac{dp}{4tE} - \nu\frac{dp}{2tE} = \frac{dp}{4tE}(1 - 2\nu)$$

よって内圧pは、$p = \dfrac{4tE\varepsilon_z}{d(1 - 2\nu)}$

数値を代入すると、$p = \dfrac{4 \times 1 \times 10^{-3} \times 200 \times 10^9 \times 40 \times 10^{-6}}{100 \times 10^{-3} \times (1 - 2 \times 0.3)} = 0.8 \times 10^6$

内圧pは、0.8〔MPa〕である。

以上より、正解は⑤となる。

【解答】⑤

 フープ応力、薄肉円筒、ポアソン比、ひずみ

■問題9

【ポイントマスター】

平面応力状態に関する問題はほぼ毎年出題されています。本問のように主応力σ_1やσ_2を問う問題（平成30年度　問題9）（平成27年度　問題10）も頻出しているため、モールの応力円の描き方とともに算出の方法を理解しておきましょう。

【解説】

原点Oから横軸に垂直応力成分σを、縦軸にせん断応力成分τをとる。

出題文からA$(\sigma_x, -\tau_{xy}) = (20, -15)$をプロットする。

次に題意より、σ_yは生じておらず、τ_{xy}は正負で等しいことから、B(σ_y, τ_{xy})

$= (0,15)$ をプロットする。

さらに線分ABと横軸の交点をCとする。（右図参照）

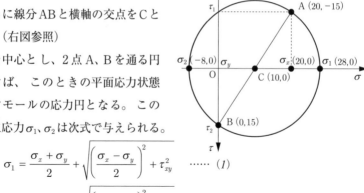

Cを中心とし、2点A、Bを通る円を描けば、このときの平面応力状態を表すモールの応力円となる。このとき主応力 σ_1、σ_2 は次式で与えられる。

$$\sigma_1 = \frac{\sigma_x + \sigma_y}{2} + \sqrt{\left(\frac{\sigma_x - \sigma_y}{2}\right)^2 + \tau_{xy}^2} \quad \cdots\cdots (1)$$

$$\sigma_2 = \frac{\sigma_x + \sigma_y}{2} - \sqrt{\left(\frac{\sigma_x - \sigma_y}{2}\right)^2 + \tau_{xy}^2} \quad \cdots\cdots (2)$$

式 (1) および式 (2) にそれぞれの値を代入すると、

$$\sigma_1 = \frac{20 + 0}{2} + \sqrt{\left(\frac{20 - 0}{2}\right)^2 + 15^2} = 10 + 18.03 = 28.03 \ [\text{MPa}]$$

$$\sigma_2 = \frac{20 + 0}{2} - \sqrt{\left(\frac{20 - 0}{2}\right)^2 + 15^2} = 10 - 18.03 = -8.03 \ [\text{MPa}]$$

よって、主応力 σ_1 は、②である。

以上より、正解は②となる。

【解答】 ②

 モールの応力円、平面応力状態、主応力、主せん断応力

■問題10

【ポイントマスター】

（令和元年度（再試験）問題9）（平成28年度　問題9）とほぼ同じ応力集中に関する問題は頻出問題です。$2a$ の値が $2b$ に比較して大きくなるほど（クラック状の形状になるほど）孔の両端に発生する応力は大きくなることに注意しましょう。

【解説】

孔がない場合の一様な応力を σ_0、孔の両端に発生する最大引張応力を $\sigma_{\max}$、

応力集中係数（形状係数）を α とすると、

$$\sigma_{\max} = \alpha\sigma_0 \quad \cdots\cdots (1)$$

すなわち α が小さくなるほど $\sigma_{\max}$ も小さくなることがわかる。

孔が楕円形の場合、α は次式で求められる。

$$\alpha = 1 + \frac{2a}{b} \quad \cdots\cdots (2)$$

式 (2) に①から⑤の各値を代入すると、

① $\quad \alpha = 1 + \dfrac{10}{20} = 1.5$　　② $\quad \alpha = 1 + \dfrac{10}{10} = 2$　　③ $\quad \alpha = 1 + \dfrac{40}{20} = 3$

④ $\quad \alpha = 1 + \dfrac{20}{5} = 5$　　⑤ $\quad \alpha = 1 + \dfrac{40}{5} = 9$

よって①の場合、最も α が小さくなり $\sigma_{\max}$ が最も低くなる。

以上より、正解は①となる。

【解答】①

 応力集中、応力集中係数、形状係数

■問題11

【ポイントマスター】

　制御系の可観測に関する問題です。可観測とは出力から内部の変数の状況を把握できることです。状態方程式と出力方程式が次の形であり、$\mathbf{A}$ が 3 行 3 列の行列の場合、この系が可観測である条件は、以下の式の可観測性行列 $\mathbf{U}_0$ がフルランクであることです。フルランクとは、3 行 3 列（3×3 行列）の場合、階数が 3 ですべての行が線形独立であることです。

　状態方程式 $\dot{x} = \mathbf{A}x + \mathbf{b}u(t)$

　出力方程式 $y = \mathbf{c}x$ 　　　　　可制御性行列 $\mathbf{U}_0 = \begin{bmatrix} \mathbf{c} \\ \mathbf{c}\mathbf{A} \\ \mathbf{c}\mathbf{A}^2 \end{bmatrix}$

　フルランクであるかの確認はさまざまな方法がありますが、ここでは、行列式の値が零であるかで確認します。可観測はフルランクで $|\mathbf{U}_0| \neq 0$、不可観測は逆に $|\mathbf{U}_0| = 0$ となります。行列式の計算は次の 3×3 行列の行列式の公式で行います。この公式の暗記をお勧めします。

3×3行列の行列式の公式

$$\begin{vmatrix} a_{11} & a_{12} & a_{13} \\ a_{21} & a_{22} & a_{23} \\ a_{31} & a_{32} & a_{33} \end{vmatrix} = a_{11}a_{22}a_{33} + a_{12}a_{23}a_{31} + a_{13}a_{21}a_{32} - a_{13}a_{22}a_{31} - a_{11}a_{23}a_{32} - a_{12}a_{21}a_{33}$$

可観測の条件を覚えていれば、行列の計算を行い解答が得られます。可観測性と合わせて可制御性も学習しておくとよいでしょう。

【解説】

出題の状態方程式、出力方程式より、$\mathbf{A}$ 及び $\mathbf{c}$ は次式となり、可観測性行列 $\mathbf{U}_0$ を得るため $\mathbf{cA}$ 及び $\mathbf{cA}^2$ を計算する。

$$\mathbf{A} = \begin{bmatrix} 0 & 1 & 0 \\ 0 & 0 & 1 \\ 2 & 1 & a \end{bmatrix},\ \mathbf{c} = \begin{bmatrix} -1 & 1 & 0 \end{bmatrix},\ \mathbf{cA} = \begin{bmatrix} -1 & 1 & 0 \end{bmatrix} \begin{bmatrix} 0 & 1 & 0 \\ 0 & 0 & 1 \\ 2 & 1 & a \end{bmatrix} = \begin{bmatrix} 0 & -1 & 1 \end{bmatrix}$$

$$\mathbf{cA}^2 = \mathbf{cAA} = \begin{bmatrix} 0 & -1 & 1 \end{bmatrix} \begin{bmatrix} 0 & 1 & 0 \\ 0 & 0 & 1 \\ 2 & 1 & a \end{bmatrix} = \begin{bmatrix} 2 & 1 & a-1 \end{bmatrix}$$

可観測性行列 $\mathbf{U}_0$ は $\mathbf{c}$、$\mathbf{cA}$ 及び $\mathbf{cA}^2$ より次式となる。また、不可観測である条件は、$|\mathbf{U}_0| = 0$ であるので、行列式の公式を用いて計算する。

$$\mathbf{U}_0 = \begin{bmatrix} \mathbf{c} \\ \mathbf{cA} \\ \mathbf{cA}^2 \end{bmatrix} = \begin{bmatrix} -1 & 1 & 0 \\ 0 & -1 & 1 \\ 2 & 1 & a-1 \end{bmatrix},\ |\mathbf{U}_0| = (a-1) + 2 + 0 - 0 - (-1) - 0 = a + 2$$

不可観測の条件 $|\mathbf{U}_0| = 0$ より、$a = -2$ となり、解答は②となる。

【解答】 ②

 状態方程式、可観測、可制御、行列式

■問題12

【ポイントマスター】

ステップ入力時の制御系の定常特性として、定常位置偏差が0となる条件を求める問題です。ラプラス領域で定常偏差を求め、最終値の定理を用いて $(t\rightarrow\infty)\ \Rightarrow\ (s\rightarrow 0)$ としたときに偏位が0となるゲイン K の条件を求めていき

ます。定常位置偏差を求めるときの、ラプラス領域におけるステップ入力は、$r(s) = \dfrac{1}{s}$ となります。入力の種類によるラプラス変換については改めて整理しておきましょう。

【解説】

問題文に示されたブロック線図を以下のように表現して、フィードバック制御系の等価変換を行う。

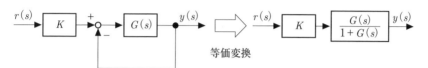

等価変換

ここで $G(s) = \dfrac{8}{5s+2}$ ……（1）

ブロック線図より $y(s) = K \dfrac{G(s)}{1+G(s)} r(s)$

の関係が成り立つため、偏差 $e(s)$ は、

$$e(s) = r(s) - y(s)$$
$$= r(s)\left(1 - K \cdot \frac{G(s)}{1+G(s)}\right)$$

式（1）の関係を代入して整理すると、

$$e(s) = r(s)\left(\frac{5s+10-8K}{5s+10}\right)$$

ここで、今回はステップ目標値での定常位置偏差を求めるため、$r(s) = \dfrac{1}{s}$ として、最終値の定理を用いると、

$$\lim_{t \to \infty} e(t) = \lim_{s \to \infty} s \cdot e(s)$$

の関係が成り立つため、定常位置偏差が0を満たす関係式は、

$$\lim_{s \to \infty} s \cdot \frac{1}{s}\left(\frac{5s+10-8K}{5s+10}\right) = 0$$

上式を満たす条件は $10-8K=0$、よって $K = \dfrac{5}{4}$。

以上より、正解は④となる。

【解答】 ④

キーワード　ラプラス変換、定常位置偏差、最終値の定理

■問題13

【ポイントマスター】

（平成27年度　問題11）と同じ問題です。ブロック線図を伝達関数に変換する問題です。ブロック線図に関する問題はよく出題されるので、148ページの【コラム：等価変換】は必ず暗記しておきましょう。

【解説】

複雑なブロック線図が与えられた場合、等価変換を繰り返しながら求める。

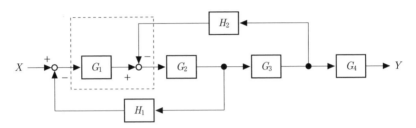

上図の四角で囲った点線部分の加え合わせ点の移動を行うと、下図のようになる。

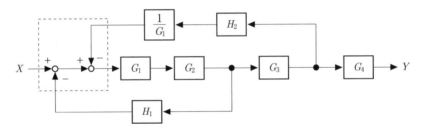

上図の四角で囲った点線部分の加え合わせ点の移動を行うと、下図のようになる。

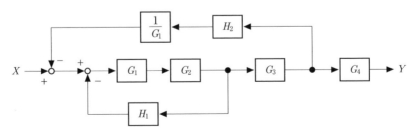

上図で直列結合を行うと、次図のようになる。

76

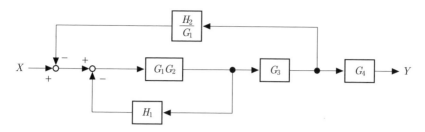

上図でフィードバック結合を行うと、下図のようになる。

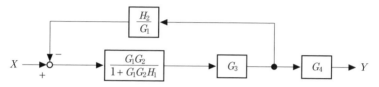

上図で直列結合を行うと、下図のようになる。

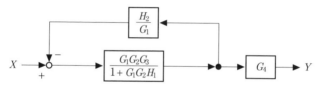

上図でフィードバック結合を行うと、下図のようになる。

$$X \longrightarrow \boxed{\dfrac{\dfrac{G_1 G_2 G_3}{1 + G_1 G_2 H_1}}{1 + \dfrac{G_1 G_2 G_3 H_2}{\left(1 + G_1 G_2 H_1\right) G_1}}} \longrightarrow \boxed{G_4} \longrightarrow Y$$

上図を整理すると、下図のようになる。

$$X \longrightarrow \boxed{\dfrac{G_1 G_2 G_3}{1 + G_1 G_2 H_1 + G_2 G_3 H_2}} \longrightarrow \boxed{G_4} \longrightarrow Y$$

上図で直列結合を行うと、下図のようになる。

$$X \longrightarrow \boxed{\dfrac{G_1 G_2 G_3 G_4}{1 + H_1 G_1 G_2 + H_2 G_2 G_3}} \longrightarrow Y$$

以上より、正解は⑤となる。

【解答】⑤

　伝達関数、等価変換、ブロック線図

■問題14

　制御系の安定判別に関する問題で、例年よく出題される問題です。この問題のように3次の特性方程式の場合は、根を求めるより"フルビッツの安定判別法"を用いるほうが簡単なので、覚えておくようにしましょう。

　フルビッツの安定判別法：3次の特性方程式 $a_0 s^3 + a_1 s^2 + a_2 s + a_3 = 0$（$a_0 \sim a_3$ は定数）の場合、すべての根が安定条件である負の実数を持つための必要十分条件は、以下の1）～3）の条件をすべて満たすことです。

　1）係数がすべて存在すること

　2）すべての係数が同符号であること

　3）以下の行列式（$\mathbf{H}_1$、$\mathbf{H}_2$）がすべて正であること（$\mathbf{H}_1 > 0$、$\mathbf{H}_2 > 0$）

$$\mathbf{H}_1 = a_1, \quad \mathbf{H}_2 = \begin{vmatrix} a_1 & a_3 \\ a_0 & a_2 \end{vmatrix} = a_1 a_2 - a_0 a_3$$

【解説】

　1）係数がすべて存在しているのは、①、②、③、④

　2）さらに、すべての係数が同符号なのは、①、③

　3）さらに、行列式（$\mathbf{H}_1$、$\mathbf{H}_2$）がすべて正なのは、以下より③

　①　$\mathbf{H}_1 = 20$、$\mathbf{H}_2 = 180 - 200 = -20$

　③　$\mathbf{H}_1 = 20$、$\mathbf{H}_2 = 180 - 100 = 80$

以上より、正解は③となる。

【解答】③

 特性方程式、フルビッツの安定判別、フィードバック制御

■問題15

【ポイントマスター】

　棒の慣性モーメントに関する問題です。慣性モーメントの定義をしっかり復習しておきましょう。（平成24年度　問題19）と類似の問題です。

【解説】

　棒の微小部分の慣性モーメント dI は、

$$dI = x^2 \rho dx$$

　ここでρは線密度で単位長さ当たりの質量なので、ρdxは微小部分の質量を意味する。これに回転中心から微小部分までの距離xの2乗を乗じたものが慣性モーメントとなる。質量は棒の長さ方向に分布しているので、棒全体の慣性モーメントを求めるには上式を長さ方向に積分することで求めることができる。

　問題では基準位置の異なる2つの慣性モーメントを問われている。それぞれ計算すると、まずは重心Gを通るy_G軸まわりの慣性モーメントをI_Gとすると、

$$I_G = 2\int_0^{\frac{l}{2}} dI$$

$$= 2\int_0^{\frac{l}{2}} x^2 \rho dx$$

$$= 2\rho \left[\frac{x^3}{3} \right]_0^{\frac{l}{2}}$$

$$= \frac{\rho l^3}{12}$$

　ここではG点を基準として右側の慣性モーメントに対して2倍することで全体の慣性モーメントを求めていることに注意する必要がある。また、$\rho l = m$であるので求める慣性モーメントは、

$$I_G = \frac{ml^2}{12}$$

　同様に、O点を基準とした慣性モーメントをI_Oとすると、

$$I_O = \int_0^l dI$$

$$= \int_0^l x^2 \rho dx$$

$$= \rho \left[\frac{x^3}{3} \right]_0^l$$

$$= \frac{\rho l^3}{3}$$

$\rho l = m$であるので求める慣性モーメントは、

$$I_O = \frac{ml^2}{3}$$

以上より、正解は①となる。

【解答】　①

慣性モーメント

■問題16

【ポイントマスター】

両端単純支持はりにおける曲げ剛性に依存する曲げ振動の固有振動数に関する問題です。はりの問題として曲げ剛性を導出する実際の式は複雑になりますが、解説に示すように1自由度ばね質量系の振動問題と置き換えることで、非常に簡単に答えを導くことが可能になります。一見難問のようですが、このような置き換えの発想によって確実に得点が可能な問題となります。（平成27年度　問題16）と同じ問題です。

【解説】

問題にある両端支持はりのモデルを右図に示すような、1質点ばね質量系の問題に置き換える。

問題のはりで生じる曲げ剛性を右図のばね定数 k と置き換えた場合に、たわみ量 h とばね定数 k との関係は、つり合いの関係より、

$$mg = k \times h$$

したがって、ばね定数は

$$k = \frac{mg}{h} \quad \cdots\cdots (1)$$

また、右図のモデルで1自由度ばね質量系の運動方程式は以下のように得られる。

$$m\ddot{x} + kx = 0 \quad \cdots\cdots (2)$$

固有角振動数を ω として、$x = A\sin \omega t$ とおくと、$\ddot{x} = -A\omega^2 \sin \omega t$ となる。これらを式 (2) に代入して整理すると、

$$\omega = \sqrt{\frac{k}{m}} \quad \cdots\cdots (3)$$

ここで式 (1) を式 (3) へ代入すると

$$\omega = \sqrt{\frac{mg}{h} \cdot \frac{1}{m}} = \sqrt{\frac{g}{h}}$$

以上より、正解は③となる。

【解答】③

 曲げ振動、両端単純支持はり、固有角振動数

■問題17

【ポイントマスター】

　U字管内の液体の単振動に関する問題です。U字管の左右で水位に差が生じた際の復元力による振動を運動方程式として表現します。（令和元年度　問題22）と類似の問題です。

【解説】

　静的なつり合い位置の水面からの変位量をxとすると、

　左右の水位差$2x$に応じた復元力

$$F = \rho A \cdot 2xg$$

が発生する。

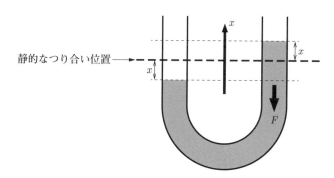

液体の全質量は、

$$m = \rho AL$$

これより、運動方程式は

$$\rho AL \cdot \ddot{x} + \rho A \cdot 2xg = 0$$

固有角振動数をωとして、$x = A \sin \omega t$とおくと、

$$\ddot{x} = -A\omega^2 \sin \omega t$$

これらを運動方程式に代入して整理すると、

$$\omega = \sqrt{\frac{2g}{L}}$$

ここで、周期 $T = \dfrac{1}{f}$、周波数 $f = \dfrac{\omega}{2\pi}$ であることを考慮すると、

$$T = \frac{2\pi}{\omega} = 2\pi\sqrt{\frac{L}{2g}}$$

以上より、正解は⑤となる。

【解答】⑤

 運動方程式、復元力、液柱の固有振動数、周期

■問題18

【ポイントマスター】

　2自由度振動系の運動方程式から振動数方程式を求める問題です。各質点の自由振動に関する運動方程式を行列で整理し、それらが振動状態すなわち固有角振動数を持つ条件を考えて答えを導きます。(平成27年度　問題18) と同じ問題です。

【解説】

　設問にある図に対して、右図のように各質量とばね定数を与える。そして、各質量に対してニュートンの運動方程式を考える。

　・質量 m_1 について

$$m_1\ddot{x}_1 + k_1 x_1 + k_2(x_1 - x_2) = 0 \quad \cdots\cdots (1)$$

　・質量 m_2 について

$$m_2\ddot{x}_2 + k_2(x_2 - x_1) = 0 \quad \cdots\cdots (2)$$

　式 (1)、式 (2) を整理して行列で表すと、

$$\begin{bmatrix} m_1 & 0 \\ 0 & m_2 \end{bmatrix}\begin{Bmatrix} \ddot{x}_1 \\ \ddot{x}_2 \end{Bmatrix} + \begin{bmatrix} k_1 + k_2 & -k_2 \\ -k_2 & k_2 \end{bmatrix}\begin{Bmatrix} x_1 \\ x_2 \end{Bmatrix} = \begin{Bmatrix} 0 \\ 0 \end{Bmatrix} \quad \cdots\cdots (3)$$

これを、

$$M\ddot{X} + KX = 0 \quad \cdots\cdots (4)$$

とする。ただし、$M = \begin{bmatrix} m_1 & 0 \\ 0 & m_2 \end{bmatrix}$、$K = \begin{bmatrix} k_1 + k_2 & -k_2 \\ -k_2 & k_2 \end{bmatrix}$、$X = \begin{Bmatrix} x_1 \\ x_2 \end{Bmatrix}$

式 (4) で示される運動の固有角振動数をω、振幅を$U = \left\{ \begin{array}{c} u_1 \\ u_2 \end{array} \right\}$とすると、

$$X = Ue^{i\omega t} \quad \cdots\cdots (5)$$

$$\ddot{X} = -\omega^2 Ue^{i\omega t} \quad \cdots\cdots (6)$$

式 (5) 式 (6) を式 (4) に代入すると、

$$\left[-\omega^2 M + K \right] U = 0 \quad \cdots\cdots (7)$$

ここで、式 (7) が振動状態であるためには、$\left[-\omega^2 M + K \right]$ の行列式が0であることが必要である。つまり、

$$\begin{vmatrix} -m_1\omega^2 + k_1 + k_2 & -k_2 \\ -k_2 & -m_2\omega^2 + k_2 \end{vmatrix} = 0 \quad \cdots\cdots (8)$$

ここで、実際の設問では、$m_1 = m_2 = m$、$k_1 = k_2 = k$の関係があるので、式 (8) に代入して行列式を解くと、

$$(-m\omega^2 + 2k)(-m\omega^2 + k) - k^2 = 0$$

$$m^2\omega^4 - 3mk\omega^2 + k^2 = 0$$

以上より、正解は②となる。

【解答】②

 2自由度振動系、固有角振動数、振動数方程式

■問題19

【ポイントマスター】

　力のつり合いの問題です。この問題のポイントは、棒が回転支持されておりトラス構造の考え方が適用できるということです。これに着目して定式化することで幾何学的な関係から簡単に答えを導くことができます。（平成27年度問題19）と同じ問題です。

【解説】

　この棒は片側が回転支持されているため、曲げの力は発生せず軸方向の力のみを受け持つ。したがって、棒の反力Rの角度θは0°となる。これを元に力のつり合いを考えると、

〈上下方向のつり合い式〉

$$mg = T\sin 30°$$

ここで $\sin 30° = \dfrac{1}{2}$ なので、

$$T = 2mg \quad \cdots\cdots (1)$$

〈左右方向のつり合い式〉

$$R = T\cos 30°$$

ここで $\cos 30° = \dfrac{\sqrt{3}}{2}$ なので、

$$R = T\dfrac{\sqrt{3}}{2} \quad \cdots\cdots (2)$$

式 (1) を式 (2) に代入して、

$$R = \sqrt{3}\,mg$$

したがって、②が正解となる。

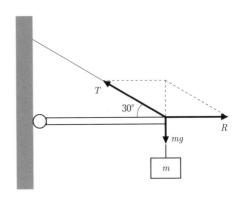

【解答】②

 トラス構造、回転指示、力のつり合い

■問題20

【ポイントマスター】

　減衰振動に関する基本的な知識を問われる問題です。簡単な定義式等は覚えておき、その特性を理解しておきましょう。（令和2年度　問題15、令和元年度問題15、平成27年度　問題17）と類似の問題です。

【解説】

① 　減衰比とは減衰係数 c と臨界減衰係数 c_c の比で定義され、$\zeta = c / c_c$ のように表される。減衰係数 c に大きな値を設定すれば減衰比は $\zeta > 1$ となり、このときの現象は過減衰と呼ばれる（170ページの【コラム：減衰のある1自由度系の振動】参照）。したがって、問題文は誤りである。

② 　減衰が存在しない振動系（182ページの【コラム：周波数応答線図】の $\zeta = 0$）では加振のエネルギーが蓄積し、共振時の応答は無限大に発散する。逆に減衰が存在する振動系（182ページの【コラム：周波数応答線図】の $\zeta > 0$）では加振のエネルギーを減衰により吸収するため、共振時の応答は有限の振幅になる。したがって、問題文は正しい。

③ 　上記で解説したように、減衰は振動のエネルギーを吸収するため、外力

のない自由振動の場合は時間とともに振動が小さくなり、最後にはゼロに収束する。したがって、問題文は正しい。

④　182ページの【コラム：周波数応答線図】の式 (8) の分母の根号の中は

$$\left(1-\Omega^2\right)^2 + \left(2\zeta\Omega\right)^2 = \left\{\Omega^2 - \left(1-2\zeta^2\right)\right\}^2 + 1 - \left(1-2\zeta^2\right)^2$$

と表せるので、この分母は

$$\Omega = \sqrt{1-2\zeta^2}$$

のときに最小値となる。すなわちこのとき振幅倍率 X は最大値となる。

また、$\Omega = \omega / \omega_0$ より

$$\omega = \omega_0\sqrt{1-2\zeta^2} = \omega_d$$

となり、このときの ω は減衰系の固有振動数と呼ばれ、ここでは ω_d で表す。

この式より、振動が発生する $0 < \zeta < 1$ の条件においては $\omega_0 > \omega_d$ であることがわかる。

つまり、減衰系の固有振動数 ω_d は非減衰系の固有振動数 ω_0 に比べて小さくなる。したがって、問題文は正しい。

⑤　182ページの【コラム：周波数応答線図】の周波数応答における振動数比 Ω と位相 α の関係は下図のようになる。減衰比 ζ が大きくなるにつれて位相の変化がゆるやかになっている。したがって問題文は正しい。下のグラフ図は、振動数比 Ω と振幅倍率 X の関係を表すグラフとともにボード線図と呼ばれ、周波数応答の特性を表す図として用いられる。

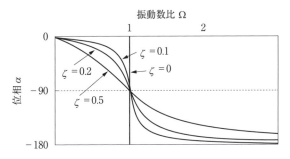

以上より、正解は①となる。

【解答】①

■問題21

【ポイントマスター】

おもりが止まるまでの状態に関する運動の条件を導出する問題なので、運動方程式を導出して解くよりも、エネルギー保存の法則を用いたほうが簡易で正確です。初期状態の運動エネルギーの中におもりに発生するエネルギーも考慮することに注意しましょう。

【解説】

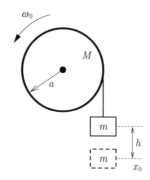

質量 M の円柱に初期角速度 ω_0 が与えられたときにおもりは x_0 の位置にあり、その後 h の距離だけ上昇して止まったとすると、初期状態の運動エネルギーは、

円柱の運動エネルギー：$\dfrac{1}{2}I\omega_0^2$
おもりの運動エネルギー：$\dfrac{1}{2}mv_0^2$

ここで I は円柱の慣性モーメント、v_0 はおもりの x_0 の位置における初期速度とするとそれぞれは以下の式で表される。

$$I = \frac{1}{2}Ma^2 \quad \cdots\cdots (1)$$

$$v_0 = a\omega_0 \quad \cdots\cdots (2)$$

おもりの速度 v が 0 になるまでに保存された位置エネルギーは

おもりの位置エネルギー：mgh

エネルギー保存の法則より、

$$\frac{1}{2}I\omega_0^2 + \frac{1}{2}mv_0^2 = mgh$$

式 (1) 式 (2) の関係を代入して整理すると、

$$\frac{1}{2}\left(\frac{1}{2}Ma^2\right)\omega_0^2 + \frac{1}{2}m\left(a\omega_0\right)^2 = mgh$$

$$\left(\frac{1}{4}M + \frac{1}{2}m\right)a^2\omega_0^2 = mgh$$

hについて整理すると、

$$h = \left(\frac{1}{4} M + \frac{1}{2} m \right) \frac{a^2 \omega_0^2}{mg} = \frac{(M + 2m) a^2 \omega_0^2}{4mg}$$

以上より、正解は⑤となる。

【解答】⑤

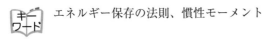 エネルギー保存の法則、慣性モーメント

■問題22

【ポイントマスター】

　長さ方向に波が伝わるように上下する振動を示す系は、"弦モデル"として
モデル化することができ、分布した質量と張力の相互作用で振動する現象を考
えます。（令和2年度　問題22）と類似の問題です。

【解説】

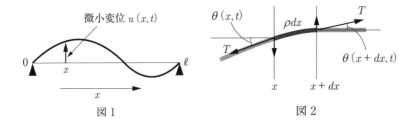

図1　　　　　　　　　　　　　　図2

　図1のように弦が振動した場合の微小変位を $u(x, t)$ とする。

　図2のように、位置 x, 時間 t における弦の接線と水平軸のなす角を $\theta(x, t)$ と
する。

　　　質量は $\rho\, dx$

　　　鉛直方向の加速度は $\dfrac{\partial^2 u}{\partial t^2}$

弦の横振動を表す運動方程式は、左辺が弦の微小部分 dx の慣性力、右辺は
張力による上下方向成分の力の総和で表される。

$$\rho\, dx \frac{\partial^2 u}{\partial t^2} = T \sin \theta(x + dx, t) - T \sin \theta(x, t)$$

微小変位のため θ は十分に小さいので

$$\sin\theta \simeq \theta \simeq \tan\theta = \frac{\partial u}{\partial x}$$

と考えられ、

$$\rho dx \frac{\partial^2 u}{\partial t^2} = -T \frac{\partial u(x,t)}{\partial x} + T \frac{\partial u(x+dx,t)}{\partial x} \quad \cdots\cdots (1)$$

となる。

ここで、右辺の $u(x+dx,t)$ をテイラー展開すると、

$$u(x+dx,t) = u(x,t) + \frac{\partial u(x,t)}{\partial x} dx + \frac{1}{2} \frac{\partial^2 u(x,t)}{\partial x^2} dx^2 + \cdots$$

dx は微小値なので dx^2 以上の項は無視できる。また $u(x,t)$ を u として式 (1) に上式を代入して整理すると

$$\rho dx \frac{\partial^2 u}{\partial t^2} = -T \frac{\partial u}{\partial x} + T \frac{\partial}{\partial x}\left(u + \frac{\partial u}{\partial x} dx\right)$$

$$\frac{\partial^2 u}{\partial t^2} = \frac{T}{\rho} \frac{\partial^2 u}{\partial x^2}$$

以上より、正解は②となる。

【解答】②

 弦の横振動、波動方程式、運動方程式、テイラー展開

■問題23

【ポイントマスター】

理想気体の性質を整理しておきましょう。

令和2年度の問題26と類似問題です。

【解説】

1) ボイルシャルルの法則より、

$$\frac{PV}{T} = 一定$$

よって、T が一定の値であった場合、$PV = 一定$である。

2) 比熱比 (γ) は、定圧比熱 (c_p) と定積比熱 (c_v) を使って、

$$\gamma = \frac{c_p}{c_v}$$

と定義されている。

3）一般気体定数とは、気体の状態方程式（$PV = nRT$）の "R" のことである。

（P：圧力、V：体積、n：気体のモル数、T：温度）

1 mol あたりの標準状態の理想気体より算出でき、

$R = 8.315$ J／(mol・K) と定義されており、気体の種類によらず一定である。

4）比エンタルピー（h）は、定圧比熱（c_p）と温度差（ΔT）を使って

$$h = c_p \Delta T$$

と定義されている。

よって、定積比熱と温度差の積では表せない。

5）理想気体に対して、以下のように比熱比が算出されている。

単原子：$\gamma \fallingdotseq \dfrac{5}{3}$

2原子分子：$\gamma \fallingdotseq \dfrac{7}{5} = 1.4$

3原子分子：$\gamma \fallingdotseq \dfrac{4}{3} \approx 1.33$

よって、3原子分子のほうが、2原子分子よりも比熱比が小さい。

したがって間違っている記載は、④である。

以上より、正解は④となる。

【解答】④

 理想気体、一般ガス定数、比熱比、比エンタルピー、ボイルシャルルの法則

■問題24

【ポイントマスター】

等圧変化条件での熱力学第一法則について整理しておきましょう。過去（平成28年度　問題25）にも類似の問題が出題されています。算出方法をしっかりと把握しましょう。

【解説】

出題文を整理すると、

・質量1.00［kg］の理想気体を一定圧力の下で加熱。（等圧変化条件）

・温度を 200 [K] から 600 [K] まで加熱した。

となる。これらに、設問の条件を入れて計算することで求められる。

（ア）等圧変化条件での内部エネルギー変化量 ΔU は、体積によらず温度変化に依存する。定容変化に必要なエネルギー量（定積比熱と温度変化の積）で求められるため、以下の式で表される。

$$\Delta U = mc_v \times \Delta T \quad \cdots\cdots (1)$$

m：質量 [kg]、c_v：定積比熱 [kJ/(kg・K)]、ΔT：温度変化 [K]

本問における理想気体の質量 m、定積比熱 c_v および温度変化 ΔT は、問題文からもわかるように以下で表される。

質量 m：1.00 [kg]

定積比熱 c_v：1.71 [kJ/(kg・K)]

温度変化 ΔT：600 [K] − 200 [K]

よって、数値を代入すると、

内部エネルギー変化量 $\Delta U = 1.00 \times 1.71 \times (600 - 200)$

したがって、$\Delta U = 684$ [kJ]

（イ）等圧変化条件でのエンタルピー変化量 ΔH は、熱力学第一法則によって、加熱により加えられた熱量と等しい。また、エンタルピーは、熱量の総エネルギー量のことである。したがって、定圧比熱と温度変化の積で求められるため、以下の式で表される。

$$\Delta H = mc_p \times \Delta T \quad \cdots\cdots (2)$$

c_p：定圧比熱 [kJ/(kg・K)]

本問における理想気体の定圧比熱 c_p は、問題文からもわかるように以下で表される。

定圧比熱 c_p：2.23 [kJ/(kg・K)]

よって、数値を代入すると、

エンタルピー変化量 $\Delta H = 1.00 \times 2.23 \times (600 - 200)$

したがって、$\Delta H = 892$ [kJ]

（ウ）エントロピー変化量 ΔS は、加えられた熱量の変化を温度で除することで求められるため、以下の式で表される。

$$\Delta S = \frac{\Delta Q}{T} \quad \cdots\cdots (3)$$

ΔQ：熱量の変化［kJ］、T：温度［K］

　等圧変化条件では、熱力学第一法則により、加えられた熱量とエンタルピー変化量は等しい。したがって、$\Delta Q = \Delta H$のため、式 (3) は

$$\Delta S = \frac{\Delta H}{T} \quad となる。$$

ここで、$\Delta H = dH$と考えられるので、式 (2) は$dH = mc_p \times dT$となり、

$$dS = \frac{dH}{T} = mc_p \times \frac{dT}{T} \quad となる。$$

よって、積分（温度変化：1（加熱前）→2（加熱後））すると、

$$\int_{1 \,(加熱前)}^{2 \,(加熱後)} dS = mc_p \times \int_{1}^{2} \frac{1}{T} dt \quad となり、$$

等圧変化条件でのエントロピー変化量ΔSは式 (4) のように表される。

$$\Delta S = mc_p \times \ln \frac{T_2}{T_1} \quad \cdots\cdots (4)$$

T_1：加熱前温度［K］ $= 200$［K］

T_2：加熱後温度［K］ $= 600$［K］

よって、数値を代入すると、

エントロピー変化量 $\Delta S = 2.23 \times \ln \dfrac{600}{200} = 2.23 \times \ln 3$

本問において、$\ln 3 \fallingdotseq 1.10$と定義されている。したがって、

$$\Delta S = 2.453 \fallingdotseq 2.45 \,［kJ/K］$$

(エ) 本問では、理想気体をT_1からT_2まで加熱しているため、等圧変化条件での加えられた熱量Qは、以下の式で表される。

$$Q = mc_p \times \Delta T \quad \cdots\cdots (5)$$

よって、数値を代入すると、

加えられた熱量 $Q = 1.00 \times 2.23 \times (600 - 200)$

したがって、$Q = 892$［kJ］

以上より、正解は②となる。

【解答】②

 理想気体、熱力学第一法則、内部エネルギー、エンタルピー、エントロピー

■問題25

【ポイントマスター】

伝熱工学の熱移動において層流強制対流は、極めて重要です。しっかり学習しましょう。本問では、層流強制対流におけるヌセルト数、及び対流熱伝達率の定義が問われています。

令和4年度の問題27と類似の問題です。

【解説】

層流強制対流におけるヌセルト数Nuは、問題文からもわかるように以下の式で表される。

$$\mathrm{Nu} \propto \mathrm{Re}^{\frac{1}{2}} \times \mathrm{Pr}^{\frac{1}{3}} \quad \cdots\cdots (1)$$

　　Re：レイノルズ数、Pr：プラントル数

ここで、Re、Pr及びNuは以下の式でも表せる。

$$\mathrm{Re} = \frac{UD}{\dfrac{\mu}{\rho}} \quad \cdots\cdots (2)$$

　　U：流体の流速 [m／s]、D：代表長さ [m]、
　　μ：流体の粘性率 [Pa・s]、ρ：流体の密度 [kg／m^3]

$$\mathrm{Pr} = \frac{\mu c_p}{k} \quad \cdots\cdots (3)$$

　　μ：流体の粘性係数 [Pa・s]、c_p：流体の比熱 [J／(kg・K)]、
　　k：流体の熱伝導率 [W／(m・K)]

$$\mathrm{Nu} = \frac{hD}{k} \quad \cdots\cdots (4)$$

　　h：対流熱伝達率 [W／(m^2・K)]、D：代表長さ [m]、
　　k：流体の熱伝導率 [W／(m・K)]

式 (2)、式 (3) 及び式 (4) を式 (1) へ代入し、対流熱伝達率hについて熱伝導率k、及び粘性係数μの乗数を整理する。

$$\frac{hD}{k} \propto \left(\frac{UD}{\dfrac{\mu}{\rho}}\right)^{\frac{1}{2}} \times \left(\frac{\mu c_p}{k}\right)^{\frac{1}{3}}$$

$$h \propto \left(\frac{UD}{\dfrac{\mu}{\rho}}\right)^{\frac{1}{2}} \times \left(\frac{\mu c_p}{k}\right)^{\frac{1}{3}} \times \frac{k}{D}$$

$$k: -\frac{1}{3} + 1 = \frac{2}{3}、\mu: -\frac{1}{2} + \frac{1}{3} = -\frac{1}{6}$$

以上より、正解は④となる。

【解答】④

ヌセルト数、レイノルズ数、プラントル数、熱伝導率、粘性率、対流
熱伝達率

■問題26

【ポイントマスター】

　熱サイクルと熱効率に関する問題です。各サイクルの構成が説明できるように整理しておきましょう。

【解説】

①　オットーサイクルの理論サイクルは、断熱過程（膨張・圧縮）と等積過程（加熱・放熱）により構成されている。

②　ディーゼルサイクルの理論サイクルは、断熱過程（膨張・圧縮）、等積過程（放熱）および等圧過程（加熱）により構成されている。

③　オットーサイクルの理論熱効率 η_O は、以下の式で表される。

$$\eta_O = 1 - \left(\frac{1}{\varepsilon}\right)^{\kappa-1} \quad \cdots\cdots (1)$$

　　κ：比熱比、ε：圧縮比

ディーゼルサイクルの理論熱効率 η_D は、以下の式で表される。

$$\eta_D = 1 - \left(\frac{1}{\varepsilon}\right)^{\kappa-1}\left(\frac{\rho^{\kappa-1}}{\kappa(\rho-1)}\right) \quad \cdots\cdots (2)$$

　　ρ：締切比

ディーゼルサイクルの熱効率は、締切比（$\geqq 1$）を小さくすると熱効率が上がる。

　ここで、締切比は常に1以上であるため、式 (2) の $\left(\dfrac{\rho^{\kappa-1}}{\kappa(\rho-1)}\right)$ も1以上となり、

　圧縮比が等しいとき、オットーサイクルの理論熱効率はディーゼルサイクルより小さくならない。

④　ディーゼルサイクルの理論熱効率は、式 (2) より、圧縮比を高くする

と熱効率が上がる。

⑤　オットーサイクルの理論熱効率は、式 (1) より、比熱比が大きいほど熱効率が上がる。

以上より、正解は②となる。

【解答】②

オットーサイクル、ディーゼルサイクル、熱効率、圧縮比、比熱比

■問題27

【ポイントマスター】

湿り蒸気に関する問題です。過去（平成29年度　問題26）にも類似の問題が出題されています。乾き度から比エントロピーを算出する問題は確実に計算できるようにしておきましょう。

【解説】

蒸気の乾き度は、湿り蒸気中の液体と蒸気（気体）の占める割合のことであり、湿り蒸気の比エントロピー h 算出は以下の式で表される。

$h=$ [（飽和水比エントロピー）×（1－乾き度）]

　　　+ [（飽和蒸気比エントロピー）×（乾き度）]　……(1)

本問における乾き度、温度300［℃］での飽和水と飽和蒸気の比エントロピーは、問題文からもわかるように以下で表される。

乾き度：0.65

　　　飽和水の比エントロピー：3.255［kJ/（kg・K）］

　　　飽和蒸気の比エントロピー：5.706［kJ/（kg・K）］

よって、数値を代入すると、

　　　湿り蒸気の比エントロピー $h=$ [3.255×（1－0.65）]＋[5.706×0.65]

したがって、$h=4.84815\fallingdotseq4.85$［kJ/（kg・K）］

以上より、正解は⑤となる。

【解答】⑤

湿り蒸気、乾き度、比エントロピー、飽和水、飽和蒸気

■問題28

【ポイントマスター】

　伝熱に関する問題です。熱移動量と熱伝達率について関係性を理解しておき
ましょう。

　平成30年度の問題29と類似問題です。

【解説】

　加熱源である金属線から水中へ伝わる熱移動量は、ニュートンの冷却法則よ
り、以下のように表せる。

$$Q = hA(T_m - T_w) \quad \cdots\cdots (1)$$

　　Q：熱移動量［W］、h：金属線と水の間の熱伝達率［W／(m^2・K)］、

　　A：伝熱面積［m^2］、T_m：金属線の表面温度［℃］、T_w：水温［℃］

　このとき、単位長さ当たりの伝熱面積は、次式で計算できる。

$$A = D\pi \quad \cdots\cdots (2)$$

　　D：金属線の直径［m］

　上記の式(1)、式(2)を用いて熱移動量＝単位長さ当たりの発熱量として、
熱伝達率hを計算する。

$$150 = h \times 0.0015\pi \times (350 - 300)$$

　したがって、$h = 636.9$［W／(m^2・K)］

　以上より、正解は③となる。

【解答】③

 熱移動量、ニュートンの冷却法則

■問題29

【ポイントマスター】

　伝熱に関する問題です。熱移動量と熱伝導率について関係性を理解しておき
ましょう。

　令和元年度の問題26と類似問題です。

【解説】

　壁を通過する熱の移動量は、フーリエの熱伝導の法則から以下の式で計算で

きる。

$$Q = \frac{k}{L} A \Delta T$$

Q：熱移動量［W］、k：壁の熱伝導率［W／(m・K)］、L：壁の厚さ［m］、
A：伝熱面積［m^2］、ΔT：壁面温度の差［℃］

本問は、コンクリート壁に鉄板を貼り合わせた状態におけるコンクリートと
鉄板の界面の温度を求める問題である。

コンクリート壁と鉄板を通過する熱移動量は等しく、上記の式を用いると以
下の関係式が成り立つ。ここで T はコンクリートと鉄板の界面の温度とし、A
の伝熱面積は鉄板とコンクリートを同じと考えて省略する。

（コンクリート壁）　　　　　　（鉄板）

$$\frac{1}{60 \times 10^{-3}}(500 - T) \quad = \quad \frac{40}{50 \times 10^{-3}}(T - 20)$$

この関係式を整理すると

$T = 29.8$［℃］

したがって正解は①となる。

【解答】①

 熱移動量、熱伝導率、フーリエの熱伝導の法則

■問題30

【ポイントマスター】

この問題は、平行平板間流路における流れの解析に関する問題です。平面ポ
アズイユ流とクエット流を合成する問題です。定番の平行平板間流路の問題の
応用編です。しっかり学習しましょう。

【解説】

この問題では、上下壁ともに静止しているときの速度分布が与えられている。
また、上側平板のみを速度 V で x 軸に平行に動かしたところ、流れは層流のま
ま、かつ上側平板の壁面せん断応力は 0 となったという条件も与えられている。
つまり、これらのせん断応力の和が上側平板の壁面（高さ H の位置）で 0 にな

ると考えればよい。

　上下壁とも静止時の平板間の流れは平面ポアズイユ流で、流速は放物線分布となり、そのせん断応力 τ_1 と粘性係数 μ との関係は下記となる。

$$\tau_1 = \mu\left(\frac{du}{dy}\right) \quad \cdots\cdots (1)$$

　　　τ_1：せん断応力、μ：粘性係数、y：下壁からの高さ

　ここで上下壁ともに静止し、x 方向に一定の圧力勾配 K で流れを駆動し、層流のときの x 方向速度の条件は、下記に与えられている。

$$u(y) = \frac{K}{2\mu}\left(-y^2 + Hy\right) \quad \cdots\cdots (2)$$

　この式を、速度分布 $V(y)$ の y に関する 1 階微分した $\frac{du}{dy}$ は下記となる。

$$\frac{du}{dy} = \frac{K}{2\mu}(-2y + H) \quad \cdots\cdots (3)$$

　　　K：圧力勾配、μ：粘性係数、y：下壁からの高さ、H：平板間の距離

　よって、式 (1) へ式 (3) を代入すると τ_1 は

$$\tau_1 = \mu\left(\frac{du}{dy}\right) = \frac{K}{2}(-2y + H) \quad \cdots\cdots (4)$$

　また、上側平板を速度 V で x 軸に平行に動かしたときの平板間の流れはクエット流で、流速は直線分布となり、そのせん断応力 τ_2 と粘性係数 μ との関係は下記となる。

$$\tau_2 = \frac{\mu V}{y} \quad \cdots\cdots (5)$$

　　　τ_2：せん断応力、μ：粘性係数、y：下壁からの高さ

　せん断応力の和（$\tau = \tau_1 + \tau_2$）が高さ H の位置（上側平板の壁面）で 0 になると考えると、

$$\tau = \tau_1 + \tau_2 = 0$$

　式 (4) 式 (5) を代入すると、

$$\frac{K}{2}(-2y + H) + \frac{\mu V}{y} = 0$$

$$V = -\frac{Ky}{2\mu}(-2y + H) \quad \cdots\cdots (6)$$

式 (6) へ上側平板の壁面位置である $y = H$ を代入すると、

$$V = \frac{K}{2\mu} H^2$$

となる。

以上より、正解は①となる。

【解答】①

 平行平板間流路、平面ポアズイユ流、クエット流、ニュートンの粘性法則

■問題31

【ポイントマスター】

円管の流れに関する問題です。問題文にあるように流れが管入り口から発達した流れ、つまり境界層が発達して管路壁面と中央部の速度分布は変化します。境界層が十分に発達した流れの速度分布は、壁面から流れ方向に向かって流れ中心で放物円の頂点を描くようになります。その速度分布が変化しない流れを完全に発達した流れ、その区間を助走区間といいます。

【解説】

管内の流れ場の状態を知ることが重要である。つまり、臨界レイノルズ数 $\mathrm{Re} \risingdotseq 2{,}300$ 以下の流れである層流でこの放物線は維持される。しかし、Re が 2,300 を超えると流れ場は乱流となり、台形状の速度分布となり、複雑な流れとなる。なお本問題では、各領域での L_e を求める式が示されているので流れ場に応じて当てはめる。

層流か乱流であるかを見極めるレイノルズ数 Re の式は下記になる。

$$\mathrm{Re} = \frac{Ud}{\nu}$$
U：流れの代表速度、d：内径、ν：流体の動粘性係数

ここで、流速 U は流量 Q と管路内断面積 A で示すと、

$$U = \frac{Q}{A} = \frac{0.5}{\dfrac{0.2^2}{4}\pi} = 15.92 \ [\mathrm{m/s}]$$

よって、Re は、

$$\mathrm{Re} = \frac{15.92 \times 0.20}{1.0 \times 10^{-6}} = 3184000 > 2300$$

結果、「乱流」流れであり、問題文にある「$L_e\,/\,d=20\sim40$」から、助走距離 L_e は、

$$L_e = 4\sim 8\ [\mathrm{m}]$$

となる。

以上より、正解は最も適切な③となる。

【解答】③

 臨界レイノルズ数、ハーゲン・ポアズイユの流れ、ダルシー・ワイズバッハの式、ハーゲン・ポアズイユの流れの式、管摩擦係数

■問題32

【ポイントマスター】

　この問題は、二次元非圧縮性の流れの連続の式に関するものです。過去にも多数出題されている、連続の式、ベルヌーイの定理を用いて解答します。

【解説】

　円管内を流れる密度 ρ の流体において、連続の式により断面1と断面2における流速 u_1、u_2 と流量 Q は以下の式となる。

$$Q = u_1 A_1 = u_2 A_2$$

$$u_1 = u_2\left(\frac{A_2}{A_1}\right) = u_2\left(\frac{r_2^2}{r_1^1}\right)\quad \cdots\cdots (1)$$

また、ベルヌーイの定理により、

$$\frac{\rho u_1^2}{2} + p_1 = \frac{\rho u_2^2}{2} + p_2 \quad \cdots\cdots (2)$$

$$\Delta p = p_1 - p_2 = \frac{\rho u_2^2}{2} - \frac{\rho u_1^2}{2}\quad \cdots\cdots (3)$$

式 (3) の u_1 へ式 (1) を代入すると、

$$\Delta p = p_1 - p_2 = \frac{\rho}{2}u_2^2\left(1-\left(\frac{r_2}{r_1}\right)^4\right)\quad \cdots\cdots (4)$$

式 (4) を整理すると、

$$u_2^2 = \frac{\Delta p}{\dfrac{\rho}{2}\left(1-\left(\dfrac{r_2}{r_1}\right)^4\right)}\quad \cdots\cdots (5)$$

$$u_2 = \sqrt{\dfrac{\Delta p}{\dfrac{1}{2}\rho\left(1-\left(\dfrac{r_2}{r_1}\right)^4\right)}}$$

以上より、正解は⑤となる。

【解答】⑤

 ベルヌーイの定理、連続の式

■問題33

【ポイントマスター】

　二次元非圧縮性流れの連続の式に関する問題です。過去（令和2年度　問題30、平成26年度　問題35など）にも同類の問題が出題されています。ベルヌーイの定理、連続の式を用いて解答する問題は過去も多く出題されています。確実に解答できるようにしましょう。

【解説】

　二次元非圧縮流れの連続の式 (1) が与えられる。

$$\frac{\partial u}{\partial x}+\frac{\partial v}{\partial y}=0 \quad \cdots\cdots (1)$$

左項に $u = x^2 + xy$ を代入する。

$$\frac{\partial v}{\partial y}=-\frac{\partial}{\partial x}\left(x^2+xy\right)=-2x-y$$

$$v=-2xy-\frac{1}{2}y^2$$

以上より、正解は④となる。

【解答】④

 連続の式、定常流れ、運動方程式

■問題34

【ポイントマスター】

　円管の流れに関する層流域、乱流域とレイノルズ数の関係の問いで、過去

（令和3年度　問題31など）にも同類の問題が出題されています。

　無次元数の1つであるレイノルズ数は、流体の挙動パターンを予測するうえで重要な役割を果たします。また、レイノルズ数は、流体の流れが層流か乱流かを決定するためにも使用されます。レイノルズ数は、すべての粘性流れでの主要な制御パラメータの1つです。

【解説】

　円管内の流れは、レイノルズ数によって層流と乱流に分類される。層流の場合、流れは円管の中心部分を中心に流れが対称的になり、放物線状の速度分布を示す。一方、乱流の場合、流れは不規則な渦運動を起こし、流体の混合が促進される。

　また、乱流域では、レイノルズ数の増加とともに管摩擦係数は小さくなる。

①　この問題は、円管内の流れに関する問題である。流体が円管内を層流で流れている場合、内部摩擦に基づく圧力損失を表す理論式「ハーゲン–ポアズイユの式」から放物線型の速度分布になる。一方、乱流の場合、流れは不規則な渦運動を起こすため、層流のような放物線型の流速分布にはならない。したがって、①の記述は不適切。

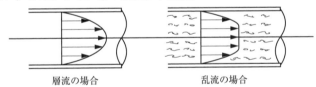

層流の場合　　　　　　　　乱流の場合

②　乱流域では、流れに不規則な渦運動が励起され、流体の混合が促進される。したがって、②の記述は正しい。

③　層流域、遷移域、乱流域にかかわらず、レイノルズ数の増加とともに管摩擦係数は小さくなる。したがって、③の記述は正しい。

④　動粘性係数をv、管内の平均流速をu、管の内径をdとするとレイノルズ数は下記式で定義される。

$$\mathrm{Re} = \frac{ud}{v}$$

レイノルズ数は、層流と乱流の遷移領域が2300から4000程度である。したがって、2300を越えると、流れは層流から乱流に遷移するので④の記述は正しい。

⑤ 管摩擦係数λはレイノルズ数Reの逆数に比例する。したがって、⑤の記述は正しい。

以上より、正解は①となる。

【解答】①

 レイノルズ数、層流域、乱流域、管摩擦係数

■問題35

【ポイントマスター】

グラビティフローに関する問題です。トリチェリの定理を使用することでグラビティフローの流速を計算することができます。

【解説】

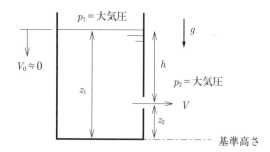

z_1：基準高さから水面までの距離、p_1：水面の圧力、V_0：水面の降下速度、
z_2：基準高さから流出穴までの距離、p_2：側壁流出穴部の圧力、V：側壁流出速度

上図のように仮想の基準高さを設けて、側壁の小さな穴から流れ出る水の流出速度を考えてみる。ベルヌーイの定理を適用すると次式が成り立つ。

$$gz_1 + \frac{p_1}{\rho} + \frac{V_0^2}{2} = gz_2 + \frac{p_2}{\rho} + \frac{V^2}{2} \quad \cdots\cdots (1)$$

ここでp_1、p_2は大気圧でともに等しいことから$p_1 = p_2$となり、大きな容器では水面の降下速度は無視できるため、$V_0 = 0$となることから次式が成立する。

$$\frac{V^2}{2g} = z_1 - z_2 = h \quad \cdots\cdots (2)$$

となる。これをトリチェリの定理という。

以上より、正解は④となる。

【解答】④

 ベルヌーイの定理、トリチェリの定理、グラビティフロー

第6章

材 料 力 学

学習のポイント

　材料力学は材料の力学的性質を評価し、実際の機械設計時に役立てるという、機械工学の基礎的かつ非常に重要な分野です。機械技術者として、材料力学の考え方を正しく理解し、実際の設計に適切に応用させていく必要があります。

　出題の傾向を見ると、はりの曲げ応力を問う問題のように、ほぼ同様の問題が繰り返し出題されているものもあります。例年10問程度と出題数の多い分野ですので、過去問題を中心に十分学習をしてください。

(1) 応力やひずみ：はりの曲げ応力をはじめ基本的な問題が頻繁に出題されています。SFD、BMDをすぐ描けるようにするとともに計算問題も多いので問題に慣れておきましょう。

(2) 設計基礎知識：材料力学の基本用語の理解度を確認するような出題が見られます。過去数年に出題されたような用語は確実に理解しておきましょう。

(3) 重要式の理解・暗記：フックの法則、断面二次モーメント、オイラーの理論式など重要な数式は理解したうえで暗記しておきましょう。

（令和4年度問題1）

　A群の用語と関連する用語をB群の中から選ぶとき、A群の用語の中で関連する用語がB群にないものはどれか。

A群

① 主応力　　　② 降伏応力　　　③ 応力集中係数

④ 縦弾性係数　　⑤ 座屈荷重

B群

カスティリアノの定理、オイラーの理論、平行軸の定理、フックの法則、モールの応力円、ミーゼスの条件、重ね合わせの原理

【ポイントマスター】

　（平成27年度　問題1）、（平成25年度　問題9）にも同様の基本的な用語の関連性を選ぶ問題が出題されています。計算問題だけでなく、用語についても理解を深めておきましょう。

【解説】

　A群とB群の語句の対応表を作成すると下表のようになる。

	A群	B群
①	主応力	モールの応力円
②	降伏応力	ミーゼスの条件
③	応力集中係数	対応語句なし
④	縦弾性係数	フックの法則
⑤	座屈荷重	オイラーの理論

対応語句がないのは③。以上より、正解は③となる。

① 主応力：せん断力がゼロになるように座標系を取ったときの応力のこと。垂直応力とせん断応力を軸として、物体内の応力の状態を図示したものをモールの応力円という。

② 降伏応力：材料の降伏条件を定める条件の一つに、ミーゼスの条件がある。変形によって蓄積された弾性エネルギーが相当応力に達したときに塑

性変形が始まるとしたもの。

③　応力集中係数：材料に溝や穴などが存在する場合局所的に応力が集中する現象を応力集中と呼び、応力集中による応力の集中倍率を示したものを応力集中係数という。

④　縦弾性係数：フックの法則は、比例限度内において、応力とひずみの比は等しいとした法則であり、この比を縦弾性係数と呼ぶ。

$$縦弾性係数\ E = \frac{応力\ \sigma}{ひずみ\ \varepsilon}$$

⑤　座屈荷重：長柱に圧縮荷重を加えたときある特定の荷重を受けたときに長柱は不安定となり曲がる。このときの荷重を座屈荷重という。座屈荷重は柱の形状など諸条件で変わり、座屈荷重を求める条件を整理したものがオイラーの公式（理論）と呼ばれている。

カスティリアノの定理は、ひずみエネルギーから外力の作用する箇所の変位を求める定理である。

平行軸の定理は、剛体の1つの軸、および重心を通ってこの軸に平行な軸に関する慣性モーメントがIおよびI_Gのとき、この2つの慣性モーメントの間の関係式$I = I_G + Mh^2$のこと。ただし、Mは剛体の質量、hは両軸の間の距離である。

重ね合わせの原理は、2つ以上の荷重に対する変形は、1つずつの荷重に対する変形の総和に等しい原理のことである。

【解答】③

降伏応力、応力集中係数、カスティリアノの定理、オイラーの公式（理論）、平行軸の定理、フックの法則、モールの応力円、ミーゼスの条件、重ね合わせの原理

（令和4年度問題2）

　長さl_1、断面積A_1、縦弾性係数E_1の棒1と、長さl_2、断面積A_2、縦弾性係数E_2の棒2を接合し、各棒に応力が生じないように剛体壁で無理なく固定した。そして、下図のように接合面に右向きの軸力Pを作

用させた。このとき、棒1に生じる応力σ_1と棒2に生じる応力σ_2の組合せとして、適切なものはどれか。

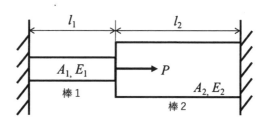

① $\sigma_1 = \dfrac{E_1 l_1}{A_1 E_1 l_2 + A_2 E_2 l_1} P, \quad \sigma_2 = -\dfrac{E_2 l_2}{A_1 E_1 l_2 + A_2 E_2 l_1} P$

② $\sigma_1 = \dfrac{E_1 l_1}{A_1 E_1 l_2 - A_2 E_2 l_1} P, \quad \sigma_2 = -\dfrac{E_2 l_2}{A_1 E_1 l_2 - A_2 E_2 l_1} P$

③ $\sigma_1 = \dfrac{E_1 l_2}{A_1 E_1 l_2 - A_2 E_2 l_1} P, \quad \sigma_2 = -\dfrac{E_2 l_1}{A_1 E_1 l_2 - A_2 E_2 l_1} P$

④ $\sigma_1 = \dfrac{E_1 l_2}{A_1 E_1 l_2 + A_2 E_2 l_1} P, \quad \sigma_2 = -\dfrac{E_2 l_1}{A_1 E_1 l_2 + A_2 E_2 l_1} P$

⑤ $\sigma_1 = \dfrac{E_2 l_1}{A_1 E_1 l_2 + A_2 E_2 l_1} P, \quad \sigma_2 = -\dfrac{E_1 l_2}{A_1 E_1 l_2 + A_2 E_2 l_1} P$

【ポイントマスター】

（平成30年度　問題4）と同一問題です。

　類似の両端固定棒の変形に関する問題は、過去に何度も出題されています。力のつり合い、変形量に関する式を立てて解いていきましょう。

【解説】

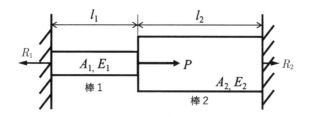

　右向きの軸力Pが発生することで、棒1、棒2に生じる引張反力をR_1、R_2とすると、力のつり合いにより

$$R_1 = P + R_2 \quad \cdots\cdots (1)$$

となる。

棒1と棒2は固定されているので、棒1と棒2の変形量の和は0であり

$$\frac{R_1 l_1}{A_1 E_1} + \frac{R_2 l_2}{A_2 E_2} = 0$$

となる。この式を変形して

$$R_2 = \frac{-A_2 E_2 l_1}{A_1 E_1 l_2} R_1 \quad \cdots\cdots (2)$$

を得る。

この R_2 を力のつり合いの式 (1) に代入すると、

$$R_1 = P + R_2 = P - \frac{A_2 E_2 l_1}{A_1 E_1 l_2} R_1$$

$$P = R_1 + \frac{A_2 E_2 l_1}{A_1 E_1 l_2} R_1 = \frac{A_1 E_1 l_2 + A_2 E_2 l_1}{A_1 E_1 l_2} R_1$$

したがって

$$R_1 = \frac{A_1 E_1 l_2}{A_1 E_1 l_2 + A_2 E_2 l_1} P \quad \cdots\cdots (3)$$

棒1に生じる応力 σ_1 は

$$\sigma_1 = \frac{R_1}{A_1} = \frac{E_1 l_2}{A_1 E_1 l_2 + A_2 E_2 l_1} P$$

次に棒2について考える。式 (2) に式 (3) で求めた R_1 を代入し

$$R_2 = \frac{-A_2 E_2 l_1}{A_1 E_1 l_2} R_1 = \frac{-A_2 E_2 l_1}{A_1 E_1 l_2} \cdot \frac{A_1 E_1 l_2}{A_1 E_1 l_2 + A_2 E_2 l_1} P = \frac{-A_2 E_2 l_1}{A_1 E_1 l_2 + A_2 E_2 l_1} P$$

を得る。

棒2に生じる応力 σ_2 は

$$\sigma_2 = \frac{R_2}{A_2} = \frac{-E_2 l_1}{A_1 E_1 l_2 + A_2 E_2 l_1} P$$

以上より、正解は④となる。

【解答】④

キー
ワード　両端固定棒、応力、軸力、反力、変形

（令和4年度問題3）

　下図に示すように、2枚の鋼板の間に銅板を接着した。このとき積層板に応力は発生していない。鋼板と銅板それぞれの横断面積を A_s、A_c、縦弾性係数を E_s、E_c、線膨張係数を α_s、α_c とし、$\alpha_s < \alpha_c$ とする。積層板の温度を ΔT だけ上昇させたとき、鋼板に生じる熱応力 σ_s と銅板に生じる熱応力 σ_c の組合せとして、適切なものはどれか。

鋼板	A_s
銅板	A_c
鋼板	A_s

l

横断面

① $\quad \sigma_s = \dfrac{2(\alpha_c - \alpha_s)E_c E_s A_c}{2E_s A_s + E_c A_c}\Delta T, \quad \sigma_c = -\dfrac{4(\alpha_c - \alpha_s)E_c E_s A_s}{2E_s A_s + E_c A_c}\Delta T$

② $\quad \sigma_s = \dfrac{2(\alpha_c - \alpha_s)E_c E_s A_c}{2E_s A_s + E_c A_c}\Delta T, \quad \sigma_c = -\dfrac{(\alpha_c - \alpha_s)E_c E_s A_s}{2E_s A_s + E_c A_c}\Delta T$

③ $\quad \sigma_s = \dfrac{(\alpha_c - \alpha_s)E_c E_s A_c}{2E_s A_s + E_c A_c}\Delta T, \quad \sigma_c = -\dfrac{(\alpha_c - \alpha_s)E_c E_s A_s}{2E_s A_s + E_c A_c}\Delta T$

④ $\quad \sigma_s = \dfrac{(\alpha_c - \alpha_s)E_c E_s A_c}{2(2E_s A_s + E_c A_c)}\Delta T, \quad \sigma_c = -\dfrac{(\alpha_c - \alpha_s)E_c E_s A_s}{2E_s A_s + E_c A_c}\Delta T$

⑤ $\quad \sigma_s = \dfrac{(\alpha_c - \alpha_s)E_c E_s A_c}{2E_s A_s + E_c A_c}\Delta T, \quad \sigma_c = -\dfrac{2(\alpha_c - \alpha_s)E_c E_s A_s}{2E_s A_s + E_c A_c}\Delta T$

【ポイントマスター】

　（平成30年度　問題4）と同じ問題です。熱膨張により積層板に生じる力のつり合い、変形量に関する式を立てて解いていきましょう。

【解説】

　積層板の温度を ΔT 上昇させたときの、鋼板に生じる熱応力を σ_s、銅板に生じる熱応力を σ_c とすると、外力は発生しないので力のつり合いにより

$$\sigma_c A_c + 2\sigma_s A_s = 0 \quad \cdots\cdots (1)$$

となる。

鋼板	
銅板	
鋼板	

鋼板	λ_s
銅板	λ_c
鋼板	λ_s

　また、上図に示すように、鋼板と銅板は接着され固定されているので、鋼板と銅板に生じる変形量λ_sとλ_cは等しい。

　変形量は、熱膨張によるものと応力によるものからなっている。したがって、

$$\lambda_\text{s} = \alpha_\text{s}\Delta Tl + \frac{\sigma_\text{s}}{E_\text{s}}l = \lambda_\text{c} = \alpha_\text{c}\Delta Tl + \frac{\sigma_\text{c}}{E_\text{c}}l \quad \cdots\cdots (2)$$

となる。この式を変形して

$$\left(\alpha_\text{c} - \alpha_\text{s}\right)\Delta T = \frac{\sigma_\text{s}}{E_\text{s}} - \frac{\sigma_\text{c}}{E_\text{c}} = \frac{\sigma_\text{s}E_\text{c} - \sigma_\text{c}E_\text{s}}{E_\text{c}E_\text{s}} \quad \cdots\cdots (3)$$

を得る。

　ここで式 (1) から $\sigma_\text{s} = -\sigma_\text{c}\dfrac{A_\text{c}}{2A_\text{s}}$ 　$\cdots\cdots (4)$

であるから、σ_sを式 (3) に代入すると、

$$\left(\alpha_\text{c} - \alpha_\text{s}\right)\Delta T = \frac{-\sigma_\text{c}\dfrac{A_\text{c}}{2A_\text{s}}E_\text{c} - \sigma_\text{c}E_\text{s}}{E_\text{c}E_\text{s}} = \frac{-\sigma_\text{c}}{2A_\text{s}} \cdot \frac{E_\text{c}A_\text{c} + 2E_\text{s}A_\text{s}}{E_\text{c}E_\text{s}}$$

この式を整理してσ_cを求める。

$$\sigma_\text{c} = -\frac{2\left(\alpha_\text{c} - \alpha_\text{s}\right)E_\text{c}E_\text{s}A_\text{s}}{2E_\text{s}A_\text{s} + E_\text{c}A_\text{c}}\Delta T$$

　式 (4) にσ_cを代入し、σ_sを求める。

$$\sigma_\text{s} = -\left\{-\frac{2\left(\alpha_\text{c} - \alpha_\text{s}\right)E_\text{c}E_\text{s}A_\text{s}}{2E_\text{s}A_\text{s} + E_\text{c}A_\text{c}}\Delta T\right\}\frac{A_\text{c}}{2A_\text{s}} = \frac{\left(\alpha_\text{c} - \alpha_\text{s}\right)E_\text{c}E_\text{s}A_\text{c}}{2E_\text{s}A_\text{s} + E_\text{c}A_\text{c}}\Delta T$$

　以上より、正解は⑤となる。

【解答】⑤

キーワード　積層板、熱膨張、熱応力、変形

（令和4年度問題4）

　下図に示すように、一様断面の長さlの単純支持はりの支点A、Bに曲げモーメントM_AとM_Bが作用している。支点Aから距離xの位置における、はりのせん断力として、適切なものはどれか。

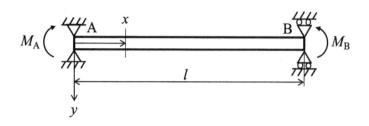

① $\dfrac{M_A + M_B}{l}$　　② $-\dfrac{M_A - M_B}{l}$　　③ $-\dfrac{M_A + M_B}{l^2}x + \dfrac{M_A}{l}$

④ $\dfrac{M_A}{l}$　　⑤ $\dfrac{M_B}{l}$

【ポイントマスター】

　はりの曲げに関する問題は頻出です。はりに生じるモーメント、力のつり合いを理解しておきましょう。

【解説】

　下図のように、支点Aから距離xの位置でのはりのせん断力をFx、支点Aでの反力をR_A、支点Bでの反力をR_Bとする。

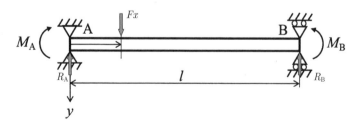

モーメントのつり合いから、

　　$R_A l = M_B - M_A$、　$R_B l = M_A - M_B$

力のつり合いから、

$$Fx = R_A = \frac{M_B - M_A}{l} = -\frac{M_A - M_B}{l}$$

以上より、正解は②となる。

【解答】②

 単純支持ばり、曲げモーメント、せん断力

（令和4年度問題5）

　幅30 mm、高さ40 mmの長方形断面を持つ長さ1000 mmの片持ちばりに、先端から400 mmの位置に等分布荷重が作用している。はりの許容応力を80 MPaとするとき、負荷できる最大の等分布荷重の値として、適切なものはどれか。

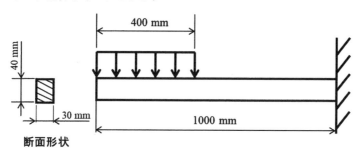

断面形状

① 2.0 N/mm　② 1.5 N/mm　③ 1.0 N/mm
④ 0.75 N/mm　⑤ 0.30 N/mm

【ポイントマスター】

　はりの曲げに関する問題は頻出です。はりや荷重の形態に応じた曲げ応力を整理しておきましょう。

【解説】

　最大曲げ応力σ_{max}ははりの固定端で生じ、この応力が許容応力以下となるように、最大の等分布荷重q_{max}を求める。

等分布荷重は、荷重のかかる中点の集中荷重と等価であるから、固定端から $I = 1000 - \dfrac{400}{2} = 800$［mm］の位置に集中荷重 $Q = q_{max} \times 400$［mm］がかかると考えられる。固定端部にかかる曲げモーメントをMとし、はりの断面2次モーメントをZとすると、長方形断面の断面係数は $Z = \dfrac{bh^2}{6}$ であるので、σ_{max} は下記のように表される。

$$\sigma_{a\,max} = \frac{M}{Z} = \frac{q_{max} \times 400\,[\text{mm}] \times 800\,[\text{mm}]}{\dfrac{bh^2}{6}}$$

ここで、はり断面の幅 $b = 30$［mm］、高さ $h = 40$［mm］であるので、

$$\sigma_{a\,max} = \frac{q_{max} \times 400\,[\text{mm}] \times 800\,[\text{mm}]}{\dfrac{30\,[\text{mm}] \times 40^2\,[\text{mm}]}{6}}$$

題意より、$\sigma_{max} \leq 80$ MPaである必要がある。したがって、

$$q_{max} = \frac{\sigma_{a\,max} \times \dfrac{30\,[\text{mm}] \times 40^2\,[\text{mm}]}{6}}{400\,[\text{mm}] \times 800\,[\text{mm}]}$$

$$\leq 80\,[\text{MPa}] \times 0.025\,[\text{mm}] = 80 \times 10^6\,[\text{N}/\text{m}^2] \times 0.025\,[\text{mm}]$$

$$= 80\,[\text{N}/\text{mm}^2] \times 0.025\,[\text{mm}] = 2.0\,[\text{N}/\text{mm}]$$

$[\text{Pa}] = [\text{N}/\text{m}^2]$ であるので、選択肢に表示されている単位への換算に注意が必要。

以上より、正解は①となる。

【解答】①

 片持ち梁、等分布荷重、集中荷重、最大曲げ応力

（令和4年度問題6）

　下図に示すように、長さlの片持ちはりの先端（自由端）に曲げモーメントMが作用している。このとき、はりの最大たわみとして、適切なものはどれか。ただし、はりの曲げ剛性をEIとする。

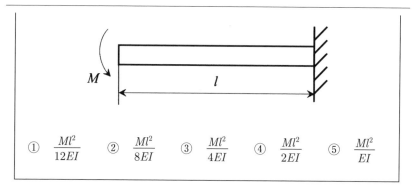

① $\dfrac{Ml^2}{12EI}$ ② $\dfrac{Ml^2}{8EI}$ ③ $\dfrac{Ml^2}{4EI}$ ④ $\dfrac{Ml^2}{2EI}$ ⑤ $\dfrac{Ml^2}{EI}$

【ポイントマスター】

（令和元年度 問題6）と同じ問題で、はりのたわみに関する基本的な問題です。公式の暗記だけでなく、導出過程を理解しておきましょう。

【解説】

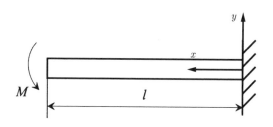

図のような座標系を定義すれば、たわみ曲線の微分方程式は次式となる。

$$\frac{d^2y}{dx^2} = -\frac{M}{EI} \quad \cdots\cdots (1)$$

問題では $x = l$ の左端部に一定の曲げモーメントが加えられているので、はりの長さ方向 x に対して曲げモーメント M は一定となる。

上記の微分方程式を順次積分し、式 (2)、式 (3) を得る。

$$\frac{dy}{dx} = -\frac{M}{EI}x + C_1 \quad \cdots\cdots (2)$$

$$y = -\frac{M}{2EI}x^2 + C_1 x + C_2 \quad \cdots\cdots (3)$$

出題の設定では、$x = 0$ で固定支持であるから、C_1、C_2 を求めるために、$x = 0$ のとき、たわみ $y = 0$、たわみ角 $\dfrac{dy}{dx} = 0$ とおく。これを式 (2)、式 (3) に代入すれば、$C_1 = 0$、$C_2 = 0$ を得る。

これを式 (3) に代入すると、

$$y = -\frac{M}{2EI}x^2$$

たわみの最大値 $y_{\max}$ は $x = l$ で生じるため、

$$y_{\max} = \left| -\frac{Ml^2}{2EI} \right| = \frac{Ml^2}{2EI}$$

以上より、正解は④となる。

【解答】④

 片持ちはり、曲げモーメント

（令和4年度問題7）

　下図に示すように、同一材質の丸棒A（直径 d、長さ l）と丸棒B（直径 $3d$、長さ $3l$）の一端が剛体壁に固定され、他端にねじりモーメント T_A と T_B がそれぞれ作用しているとき、丸棒Aと丸棒Bの両端間のねじれ角が等しくなった。このとき、ねじりモーメントの比 T_A / T_B として、適切なものはどれか。

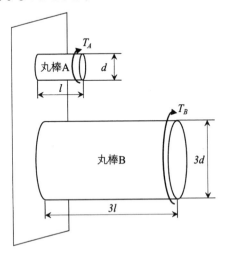

① 27　② 3　③ 1　④ $\dfrac{1}{3}$　⑤ $\dfrac{1}{27}$

【ポイントマスター】

（平成27年度　問題7）と同じ問題です。ねじれ角は、ねじりモーメントと軸の長さに比例し、ねじり剛性に反比例します。この関係を理解しておきましょう。

【解説】

ねじりモーメントを T、軸の長さを l、せん断弾性係数を G、断面二次モーメントを I_p とすると、ねじれ角 ϕ は次式で与えられる。

$$\phi = \frac{Tl}{GI_p} \quad \cdots\cdots (1)$$

この式を変形して、ねじりモーメント T は次式で与えられる。

$$T = \frac{\phi GI_p}{l} \quad \cdots\cdots (2)$$

ここで、直径 d の中実丸軸の断面二次極モーメントは、

$$I_p = \frac{\pi}{32} d^4 \quad \cdots\cdots (3)$$

であるから、題意より丸棒A、Bの直径 d、$3d$、長さ l、$3l$ を代入して、T_A と T_B の比となる。

$$T_A : T_B = \frac{\phi G \left(\dfrac{\pi}{32} d^4 \right)}{l} : \frac{\phi G \left[\dfrac{\pi}{32} (3d)^4 \right]}{3l}$$
$$= 1 : 27$$

以上より、正解は⑤となる。

【解答】⑤

 ねじれ角、ねじりモーメント、断面二次極モーメント

（令和4年度問題8）

下図に示すように、長方形板の x 軸に垂直な面に引張応力 $\sigma_x = 40$ MPaが、y 軸に垂直な面に引張応力 $\sigma_y = 20$ MPaが作用している。この板における主せん断応力 τ の大きさと主せん断応力が作用する面の

角度 θ（その面の法線ベクトルが x 軸となす角度）の組合せとして、適切なものはどれか。

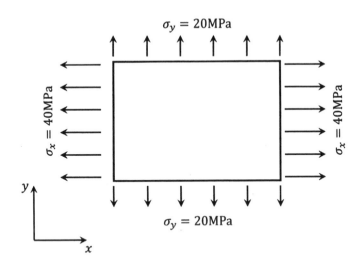

①　$\tau = \pm 10$ MPa、$\theta = \pm 30°$

②　$\tau = \pm 10$ MPa、$\theta = \pm 45°$

③　$\tau = \pm \sqrt{10}$ MPa、$\theta = \pm 30°$

④　$\tau = \pm \sqrt{10}$ MPa、$\theta = \pm 45°$

⑤　$\tau = \pm 20$ MPa、$\theta = \pm 45°$

【ポイントマスター】

　（平成30年度　問題9）、（平成27年度　問題10）と類似問題で、平面応力状態に関する問題はほぼ毎年出題されています。モールの応力円の描き方とともに理解しておきましょう。

【解説】

　原点Oから横軸に垂直応力成分 σ を、縦軸にせん断応力成分 τ をとる。

　題意より、$\sigma_x = 40$、$\sigma_y = 20$、$\tau_{xy} = 0$ であるから、

　2点A $(\sigma_x, \tau_{xy}) = (40, 0)$、B $(\sigma_x, -\tau_{xy}) = (20, 0)$ をプロットする。

　さらに線分ABと横軸の交点をCとする。（次ページ図参照）

　（このとき、C点の座標は（30, 0）となる。）

Cを中心とし、2点A、Bを通る円を描けば、このときの平面応力状態を表すモールの応力円となる。

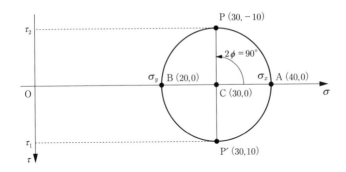

このとき主せん断応力 τ_1、τ_2 は点Cから鉛直に伸ばした線と円との交点

P $(30, -10)$、P′ $(30, 10)$

のY座標となり、次式で与えられる。

$$\tau_1 = \frac{1}{2}\sqrt{(\sigma_x - \sigma_y)^2 + 4\tau_{xy}^2} \quad \cdots\cdots (1)$$

$$\tau_2 = -\frac{1}{2}\sqrt{(\sigma_x - \sigma_y)^2 + 4\tau_{xy}^2} \quad \cdots\cdots (2)$$

式 (1) と式 (2) にそれぞれの値を代入すると、

$$\tau_1 = \frac{1}{2}\sqrt{(40-20)^2 + 4 \times 0^2} = 10 \ [\text{MPa}]$$

$$\tau_2 = -\frac{1}{2}\sqrt{(40-20)^2 + 4 \times 0^2} = -10 \ [\text{MPa}]$$

さらに、なす角 ϕ は、$\tan 2\phi$ で表されるため、モールの応力円の図上の角度を2で割ることとなる。今回のモールの応力円では直角、つまり $2\phi = 90°$ であるから、

$$\phi = 45°$$

である。

以上より、正解は②となる。

【解答】②

 モールの応力円、平面応力状態、主せん断応力

（令和4年度問題9）

　下図に示すように、長さlの柱が3本ある。それぞれ、(a) 一端固定・他端自由、(b) 両端回転自由、(c) 両端固定の柱である。これらの柱の座屈荷重の組合せとして、適切なものはどれか。ただし、柱の曲げ剛性をEIとする。

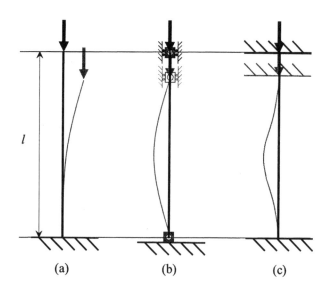

	(a)	(b)	(c)
①	$\dfrac{\pi^2 EI}{4l^2}$	$\dfrac{\pi^2 EI}{l^2}$	$\dfrac{4\pi^2 EI}{l^2}$
②	$\dfrac{\pi^2 EI}{4l^2}$	$\dfrac{\pi^2 EI}{2l^2}$	$\dfrac{\pi^2 EI}{l^2}$
③	$\dfrac{\pi^2 EI}{l^2}$	$\dfrac{4\pi^2 EI}{l^2}$	$\dfrac{16\pi^2 EI}{l^2}$
④	$\dfrac{\pi^2 EI}{l^2}$	$\dfrac{2\pi^2 EI}{l^2}$	$\dfrac{4\pi^2 EI}{l^2}$
⑤	$\dfrac{\pi^2 EI}{4l}$	$\dfrac{\pi^2 EI}{2l}$	$\dfrac{\pi^2 EI}{l}$

【ポイントマスター】

（令和3年度　問題7）（令和2年度　問題8）など、長柱の弾性座屈に関する問題はしばしば出題されています。オイラーの理論式を覚えておけば解ける問題が多いので、基本的なパターンは暗記しておきましょう。

【解説】

比例限度以内における座屈荷重は、オイラーの理論式により表すことができ、柱の端末条件における係数をnと置いたとき、一般式は以下のようになる。

$$P_{cr} = n \frac{\pi^2 EI}{l^2}$$

両端の拘束条件により係数nは異なり、以下のようなものがある。

端末条件「移動」	拘束			自由	
端末条件「回転」	回転-回転	固定-固定	固定-回転	固定-自由	固定-固定
座屈形					
係数 n	1	4	2.046	1／4	1

したがって、設問では両端の条件は

(a)「固定-自由」であることから、$n = 1／4$である。

(b)「回転-回転」であることから、$n = 1$である。

(c)「固定-固定」であることから、$n = 4$である。

以上より、正解は①となる。

【解答】①

キーワード　オイラーの理論式、座屈端末条件、座屈荷重、断面二次モーメント

（令和4年度問題10）

5 MPaの内圧を受ける直径2 mの薄肉球殻について考える。材料の降伏応力を400 MPa、安全率を3とすると、必要な最小の肉厚の値として、最も近い値はどれか。

① 14 mm ② 18 mm ③ 19 mm
④ 38 mm ⑤ 75 mm

【ポイントマスター】

内圧を受ける薄肉球殻に働く応力に関する問題は頻出問題です。球殻は円筒に対して応力を半分に抑えることができるメリットがあるため、ガスタンク等に使われています。球殻、円筒、それぞれの応力を求められるように理解しておきましょう。

【解説】

球殻を任意の直径面でせん断すると仮定する。

せん断面に対して垂直方向に作用し、球殻をせん断面から引き離すように作用する力の合計 F_t は、球殻の半径を r として、

$$F_t = \pi r^2 p \quad \cdots\cdots (1)$$

一方このとき、せん断面に発生する応力を σ_t、せん断面の断面積を S とすると、F_t に対する抵抗力 F_t' は、

$$\begin{aligned} F_t' &= \sigma_t S \\ &= \sigma_t \pi \left[(r+t)^2 - r^2 \right] \\ &= \sigma_t \pi \left[2rt + t^2 \right] \end{aligned}$$

ここで、t^2 は r に比べて十分小さいとして、無視できるから、

$$F_t = 2\pi r t \sigma_t \quad \cdots\cdots (2)$$

式 (1) と式 (2) は等しい。よって、

$$\pi r^2 p = 2\pi r t \sigma_t$$

$$\therefore t = \frac{rp}{2\sigma_t} \quad \cdots\cdots (3)$$

$p = 5$ [MPa]、$r = 1000$ [mm]（r は半径であることに注意すること）、

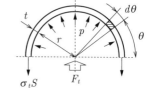

$\sigma_t = 400$［MPa］を式 (3) に代入すると、$t = 6.25$［mm］となるが、この値に安全率3を掛けると

$t = 18.75$［mm］

となる。

したがって、$t = 19$［mm］が妥当である。

以上より、正解は③となる。

【解答】③

 薄肉球殻、薄肉円筒、ポアソン比、ひずみ

（令和2年度問題6）

下図に示すように、片持ちはりに等分布荷重 w を作用させている。自由端におけるたわみとして、最も適切なものはどれか。ただし、はりの曲げ剛性を EI とする。

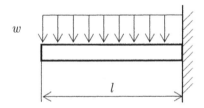

①　$\dfrac{wl^4}{2EI}$　②　$\dfrac{wl^4}{4EI}$　③　$\dfrac{wl^4}{8EI}$　④　$\dfrac{wl^4}{16EI}$　⑤　$\dfrac{wl^4}{32EI}$

【ポイントマスター】

（令和元年度 問題6）と類似問題で、分布荷重によるはりのたわみの問題です。集中荷重とともに頻出問題です。導出過程に慣れておきましょう。

【解説】

はりの自由端の端点を原点として右向きに x 軸をとる。x の位置でのせん断荷重 P は、

$P = wx$　である。

まずモーメント M は P を積分して、

$$M = \frac{1}{2} wx^2 + C_1 \quad (C_1 \text{は積分定数}) \quad x = 0 \text{のとき、} M = 0 \text{なので、} C_1 = 0 \text{である。}$$

よって、 $M = \frac{1}{2} wx^2$

これをたわみの基本式として、

$$\frac{d^2 y}{dx^2} = \frac{1}{EI} \left(\frac{1}{2} wx^2 \right)$$

を得る。

この式から順次積分を行う。

たわみ角は、 $\dfrac{dy}{dx} = \dfrac{1}{EI} \left(\dfrac{1}{6} wx^3 + C_2 \right) \quad (C_2 \text{は積分定数})$ である。

$x = l$ のとき、たわみ角は 0 なので、

$$\frac{dy}{dx} = \frac{1}{EI} \left(\frac{1}{6} wl^3 + C_2 \right) = 0 \quad \text{つまり、} \quad C_2 = -\frac{1}{6} wl^3 \quad \text{である。}$$

よって、たわみ角は、 $\dfrac{dy}{dx} = \dfrac{1}{EI} \left(\dfrac{1}{6} wx^3 - \dfrac{1}{6} wl^3 \right)$

たわみはさらに積分し、 $y = \dfrac{1}{EI} \left(\dfrac{1}{24} wx^4 - \dfrac{1}{6} wl^3 x + C_3 \right) \quad (C_3 \text{は積分定数})$
である。

$x = l$ のとき、たわみは 0 なので、

$$y = \frac{1}{EI} \left(\frac{1}{24} wl^4 - \frac{1}{6} wl^4 + C_3 \right) = 0$$

つまり、 $C_3 = -\dfrac{1}{24} wl^4 + \dfrac{1}{6} wl^4 = \dfrac{1}{8} wl^4$ である。

よって、たわみは、 $y = \dfrac{1}{EI} \left(\dfrac{1}{24} wx^4 - \dfrac{1}{6} wl^3 x + \dfrac{1}{8} wl^4 \right)$

本問では、自由端におけるたわみ、つまり $x = 0$ のときのたわみを求める。

$x = 0$ のとき、たわみは $y = \dfrac{wl^4}{8EI}$

自由端におけるたわみは③である。

以上より、正解は③となる。

【解答】③

キーワード　はりのたわみ、分布荷重、集中荷重

（令和2年度問題7）

　下図に示すように、同一の材料でできた段付き丸棒の両端を固定し、段付き部にねじりモーメント T を負荷する。このとき、段付き部に生じるねじり角として、最も適切なものはどれか。ただし、材料の横弾性係数を G とする。

① $\dfrac{64Tl_1l_2}{\pi G(d_1{}^4l_1 + d_2{}^4l_2)}$

② $\dfrac{64Tl_1l_2}{\pi G(d_1{}^4l_2 + d_2{}^4l_1)}$

③ $\dfrac{32Tl_1l_2}{\pi G(d_1{}^4l_1 + d_2{}^4l_2)}$

④ $\dfrac{32Tl_1l_2}{\pi G(d_1{}^4l_2 + d_2{}^4l_1)}$

⑤ $\dfrac{16Tl_1l_2}{\pi G(d_1{}^4l_1 + d_2{}^4l_2)}$

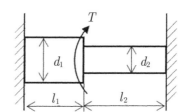

【ポイントマスター】

　（平成28年度　問題5）と類似問題で、ねじりモーメントとねじれ角の関係の問題です。ねじり剛性に反比例する関係を理解しておきましょう。

【解説】

　まず、左右の丸棒に分けて考える。左の丸棒にかかるねじりモーメントを T_1、右の丸棒にかかるねじりモーメントを T_2 とすると、$T = T_1 + T_2$ である。

　断面二次極モーメントを I_p とすると、ねじれ角 ϕ は、$\phi = \dfrac{Tl}{GI_p}$ と表される。

　左の丸棒のねじれ角 ϕ_1 は、$\phi_1 = \dfrac{T_1l_1}{GI_{p1}}$　……（1）

であり、右の丸棒のねじれ角 ϕ_2 は、$\phi_2 = \dfrac{T_2l_2}{GI_{p2}}$ である。

　ここで $\phi_1 = \phi_2$ であるから、$\dfrac{T_1l_1}{GI_{p1}} = \dfrac{T_2l_2}{GI_{p2}}$ となり、$T_2 = T - T_1$ を代入すると、

$$\frac{T_1 l_1}{GI_{p1}} = \frac{(T - T_1)l_2}{GI_{p2}} = \frac{Tl_2}{GI_{p2}} - \frac{T_1 l_2}{GI_{p2}}$$

Gを消去し、T_1で整理すると、

$$\frac{T_1 l_1}{I_{p1}} + \frac{T_1 l_2}{I_{p2}} = \frac{Tl_2}{I_{p2}}$$

$$T_1 \frac{l_1 I_{p2} + l_2 I_{p1}}{I_{p1} I_{p2}} = T \frac{l_2}{I_{p2}}$$

$$T_1 = T \frac{I_{p1} l_2}{l_1 I_{p2} + l_2 I_{p1}}$$

これを式 (1) の左の丸棒のねじれ角 $\phi_1 = \dfrac{T_1 l_1}{GI_{p1}}$ に T_1 を代入すると、

$$\phi_1 = T_1 \frac{l_1}{GI_{p1}} = T \frac{I_{p1} l_2}{l_1 I_{p2} + l_2 I_{p1}} \cdot \frac{l_1}{GI_{p1}} = T \frac{l_1 l_2}{G(l_1 I_{p2} + l_2 I_{p1})}$$

となる。

ここで、断面二次極モーメント I_p は、$I_p = \dfrac{\pi d^4}{32}$ であるから、

$I_{p1} = \dfrac{\pi d_1{}^4}{32}$ と $I_{p2} = \dfrac{\pi d_2{}^4}{32}$ を式 (2) へ代入する。

$$\phi_1 = T \frac{l_1 l_2}{G(l_1 I_{p2} + l_2 I_{p1})} = T \frac{l_1 l_2}{G\left(l_1 \dfrac{\pi d_2{}^4}{32} + l_2 \dfrac{\pi d_1{}^4}{32} \right)} = \frac{32 T l_1 l_2}{\pi G(d_1{}^4 l_2 + d_2{}^4 l_1)}$$

以上より、正解は④となる。

【解答】④

キーワード　ねじりモーメント、ねじれ角、断面二次極モーメント、横弾性係数

（令和元年度問題7）

　下図に示すように、中実丸棒の一端が剛体壁に固定され、他端に
ねじりモーメント T が作用している場合を考える。中実丸棒の直径が
n 倍になると、中実丸棒に発生する最大せん断応力は k 倍になる。次の

うち、kとして最も適切なものはどれか。

① $\dfrac{1}{n^4}$　② $\dfrac{1}{n^3}$

③ $\dfrac{1}{n^2}$　④ $\dfrac{1}{n}$

⑤ n

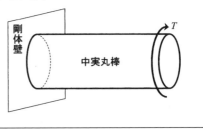

【ポイントマスター】

ねじりモーメント（トルク）による軸のねじり応力を求めるには、断面二次極モーメントや極断面係数について理解しておくことが大切です。

【解説】

軸に作用するねじりモーメントをT［Nm］、せん断応力をτ［N/m^2］、極断面係数をZ_p［m^3］、断面二次極モーメントをI_p［m^4］とすると最大せん断応力は、

$$\tau_{\max} = \frac{T}{Z_p} = \frac{Td}{2I_p}$$

となり、軸の直径がd［m］の中実丸棒の場合、

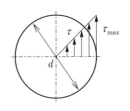

$$I_p = \frac{\pi d^4}{32}$$

$$Z_p = \frac{\pi d^3}{16}$$

となる。

したがって、

$$\tau = \frac{16T}{\pi d^3}$$

になるため、直径がn倍になると、最大せん断応力τは、

$$\frac{1}{n^3}$$

倍となる。

以上より、正解は②となる。

【解答】②

ねじりモーメント、せん断応力、極断面係数、断面二次極モーメント

（令和元年度問題8）

　下図に示すように、曲げ剛性 EI、長さ L の長柱に荷重 P を加える場合について、端部の固定条件を変えて座屈荷重を求めた。図（a）の場合、座屈荷重は $Pa = 10$ kN であった。図（b）の場合の座屈荷重 Pb と図（c）の場合の座屈荷重 Pc の組合せとして、最も適切なものはどれか。

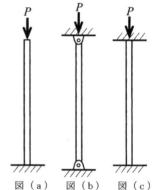

① $Pb = 160$ kN、$Pc = 640$ kN

② $Pb = 20$ kN、$Pc = 40$ kN

③ $Pb = 40$ kN、$Pc = 20$ kN

④ $Pb = 80$ kN、$Pc = 320$ kN

⑤ $Pb = 40$ kN、$Pc = 160$ kN

図（a）　図（b）　図（c）

【ポイントマスター】

　（平成28年度　問題6）、（平成27年度　問題9）、（平成25年度　問題10）と類似問題です。長柱の弾性座屈における端末境界条件に関する問題です。オイラーの理論式と端部の固定条件に応じた係数の違いをしっかり覚えておきましょう。

【解説】

　座屈荷重 P_k を求める計算式には、オイラーの公式を使う。

$$P_k = n\frac{\pi^2 EI}{L^2}$$

P_k：座屈荷重、n：係数、E：縦断面係数、I：断面二次モーメント、L：柱長さ

この式は、座屈応力が比例限度以下（弾性変形状態下）で適用できる式である。

　問題の条件として、L は共通であり、$Pa = 10$ kN の場合における端部の固定条件を変えた場合の座屈荷重を求めるものである。

　図（a）は、一端固定他端自由の場合で、$n = 0.25$（$\frac{1}{4}$）になる。

図（b）は、両端回転端の場合で、$n = 1$になる。

図（c）は、両端固定端の場合で、$n = 4$になる。

よって、下記の関係式が成り立つことがわかる。

$$Pa : Pb = \frac{1}{4} : 1$$

$$Pb = 4 \, [\text{Pa}] = 4 \times 10 = 40 \, [\text{kN}]$$

$$Pa : Pc = \frac{1}{4} : 4$$

$$Pc = 4 \times 4 \times Pa = 16 \, [\text{Pa}] = 16 \times 10 = 160 \, [\text{kN}]$$

以上より、正解は⑤となる。

【解答】⑤

 キーワード　オイラーの理論式、座屈端末条件、座屈荷重、断面二次モーメント

（令和元年度問題9）

　下図に示すように、平面応力状態となっている構造物の表面において、ある地点の応力状態が、$\sigma_x = 80 \, \text{MPa}$、$\sigma_y = 20 \, \text{MPa}$、$\tau_{xy} = 30\sqrt{3}$ MPaであるとき、主せん断応力の絶対値に最も近い値はどれか。

① 10 MPa

② 30 MPa

③ 60 MPa

④ 100 MPa

⑤ 150 MPa

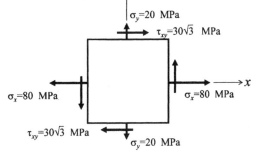

【ポイントマスター】

　（平成30年度　問題9）、（平成27年度　問題10）と類似問題で、平面応力状態に関する問題はほぼ毎年出題されています。モールの応力円の描き方とともに理解しておきましょう。

【解説】

原点Oから横軸に垂直応力成分σを、縦軸にせん断応力成分τをとる。

次に2点A$(\sigma_x, \tau_{xy}) = (80, 30\sqrt{3})$、B$(\sigma_x, -\tau_{xy}) = (20, -30\sqrt{3})$をプロットする。

さらに線分ABと横軸の交点をCとする（右図参照）。

（このとき、C点の座標は$(50, 0)$となる。）

Cを中心とし、2点A、Bを通る円を描けば、このときの平面応力状態を表すモールの応力円となる。このとき主せん断応力τ_1、τ_2は次式で与えられる。

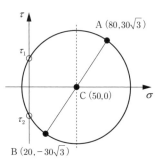

$$\tau_1 = \frac{1}{2}\sqrt{(\sigma_x - \sigma_y)^2 + 4\tau_{xy}^2} \quad \cdots\cdots (1)$$

$$\tau_2 = -\frac{1}{2}\sqrt{(\sigma_x - \sigma_y)^2 + 4\tau_{xy}^2} \quad \cdots\cdots (2)$$

式(1)と式(2)にそれぞれの値を代入すると、

$$\tau_1 = \frac{1}{2}\sqrt{(80 - 20)^2 + 4 \times \left(30\sqrt{3}\right)^2} = 60 \ [\text{MPa}]$$

$$\tau_2 = -\frac{1}{2}\sqrt{(80 - 20)^2 + 4 \times \left(30\sqrt{3}\right)^2} = -60 \ [\text{MPa}]$$

以上より、正解は③となる。

【解答】③

 モールの応力円、平面応力状態、主せん断応力

【コラム】
座屈種類　技術士第二次試験への誘い

　座屈とは、比較的細長い物体の軸方向に荷重をかけた場合、ある荷重に到達すると、荷重をかけた方向ではなく、その直角方向に変形が進む現象のことです。比例限度以内における座屈は技術士第一次試験でもほぼ毎年出題される頻出問題であるため、本書でもオイラーの理論式などを用いて詳しく解説しています。

　しかし実は座屈は、オイラーの理論式だけで解けるようなものだけではありません。座屈には、「弾性座屈」「非弾性座屈」「横座屈」「局部座屈」など多くの種類が存在します。

・弾性座屈：荷重を取り除くと初期状態に戻る比例限度以内の座屈
　（本書で解説しているオイラーの理論式が活用できる）
・非弾性座屈：塑性変形に至り、初期状態は戻らない座屈
・横座屈：梁に曲げ応力をかける場合などで、ねじりモーメントによって横方向にたわむ座屈
・局部座屈：薄肉円筒など部材の薄い箇所で、局所的に凹凸が生じる座屈

　また、溝形鋼のように強軸方向に対して左右非対称な断面の部材では、断面の重心に向けて荷重をかけてしまうとねじれが生じるなど、座屈に近い挙動を示す現象も多々見られます。第一次試験の出題のように、オイラーの理論式だけで解決できる問題は一部にすぎません。

　このように言葉で書くと難しそうですし、数式で表現するともっと難しく見えてしまうのですが、機械工学に携わる業務を日々行っているあなたなら、よくよく思い返すと、これまで何度か遭遇した現象ではないでしょうか。

　そうです、現場で起きている現象は多種多様ではあるものの、その

1つひとつにあなたのスキルを活用して問題解決を行ってきているはずです。

　そんな創意工夫に溢れたあなたのスキルを評価できる試験があります。それが、技術士第二次試験です。受験勉強を通じて、あなたのスキルをさらにレベルアップさせ、論文の筆記試験や口頭試験を通してあなたがこれまで培ってきたスキルを思う存分披露しましょう。

　近い将来、第二次試験に合格し、社会に貢献する技術士としてご活躍されますこと、心よりお待ちしております。

【コラム】
ニュートンとアルキメデスのひらめき

　ニュートンは、リンゴが木から落ちるのを見て、万有引力の法則を発見し、アルキメデスは、入浴中にお湯が浴槽からあふれるのを見て、アルキメデスの原理をひらめいたようです。

　これらの発見以前に、木から落ちるリンゴや浴槽からあふれるお湯は、多くの人が見ているはずですが、ひらめきには至りませんでした。とことん考えた末に、散歩する入浴するなど気分転換することが、良いアイデアを思いつくコツではないでしょうか？

　ひらめくときの脳波は、α波だといわれています。心身ともにリラックスしているときにα波が出るようです。α波が出ると、脳がパワフルに働き、創造力が増加します。さらに体中の細胞が活性化し、免疫力も高まるようです。

　問題が解けないとイライラしているときは、思い切って勉強を中断して、リラックスしてみてはどうでしょうか？　ニュートンやアルキメデスのように、突然、難問が解けるかもしれません。

　技術士受験勉強の束の間の息抜きでした。

材料力学キーワード

問題中に取り上げられなかった重要キーワードを示します。
自分で調べ、確認するようにしましょう。

キーワード	メ　モ	確認欄
せん断ひずみ		
耐力		
熱ひずみ		
平面トラス		
脆性破壊		
クリープ破壊		
熱衝撃破壊		
低サイクル疲労		
フープ応力		
切欠き係数		
中立軸		
不静定ばり		
許容応力		
横弾性係数		
比強度		
応力腐食割れ		
残留応力		
疲労強度		
トレスカの条件		
比例限度		
ひずみエネルギー		
線膨張係数		

第7章

機械力学・制御

学習のポイント

　機械力学や制御と聞くと、計算問題も多く難しく感じる方が多い
かもしれません。しかし以前から機械力学・制御の出題は増加傾向
が続いており、問題数の割合は少なくないので、避けては通れない
分野といえます。

　最近の傾向を見ると、機械力学分野は振動の力学、制御分野は伝
達関数やフィードバック制御に関する問題が多くなっていますので、
このあたりを重点的に学習することをお勧めします。学習のポイン
トとして、以下のようなことが挙げられます。

(1) 制御（134ページ〜）

　　用語を問う問題は、知識があれば得点につながるため、多く
のキーワードを学習しましょう。また、ブロック線図、ラプラ
ス変換、フィードバック系の安定性に関する計算問題が頻出で
す。ブロック線図、ラプラス変換は変換表や解法を覚えていれ
ば得点源となります。しっかり学習しておきましょう。

(2) 機械力学（156ページ〜）

　　1自由度／2自由度振動系に加えて、剛体の運動に関する問
題も見られます。運動の特徴を正しく捉え、確実に運動方程式
を立てることが大切です。また減衰振動の考え方や特性を理解
しておくと得点アップが狙えます。

1. 制 御 編

（令和4年度問題11）

　入力をシステムの要素に加えると応答が得られる。A群の入力関数とB群の応答の組合せとして、適切なものはどれか。

A群：入力関数　　　　　　　　　　　　B群：応答

（ア）　$u(t) = \begin{cases} 1\,(t \geq 0) \\ 0\,(t < 0) \end{cases}$　　　　　　（エ）インパルス応答

（イ）　$u(t) = \begin{cases} t\,(t \geq 0) \\ 0\,(t < 0) \end{cases}$　　　　　　（オ）ランプ応答

（ウ）　$u(t) = \begin{cases} \dfrac{1}{\varepsilon}\,(0 \leq t \leq \varepsilon) \\ 0\,(t < 0 \; or \; t > \varepsilon) \end{cases} (\varepsilon \to 0)$　　（カ）ステップ応答

① （ア）と（エ）、（イ）と（オ）、（ウ）と（カ）
② （ア）と（オ）、（イ）と（カ）、（ウ）と（エ）
③ （ア）と（カ）、（イ）と（エ）、（ウ）と（オ）
④ （ア）と（エ）、（イ）と（カ）、（ウ）と（オ）
⑤ （ア）と（カ）、（イ）と（オ）、（ウ）と（エ）

【ポイントマスター】

　（平成23年度　問題19）と同様な過渡応答に関する問題になります。制御系に入力信号を与えた場合、それが原因で出力信号が生じます。この出力信号が定常状態に達するまでの過渡的な経過のことを過渡応答といいます。また、入力の正弦波形と出力の正弦波形とを比較する周波数応答についても、学習しておきましょう。

【解説】

　◆インパルス応答

　　数学的に「瞬間的値」のことをインパルスといい、インパルス信号を入

力したときの出力信号を調べることをインパルス応答という。時間が経つと入力信号の影響が小さくなる。

インパルス応答の入力関数とその波形は以下のようになる。

〈入力関数〉　　　　　　　　　〈波形〉

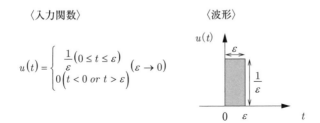

$$u(t) = \begin{cases} \dfrac{1}{\varepsilon}\left(0 \le t \le \varepsilon\right) \\ 0\left(t < 0 \ or \ t > \varepsilon\right) \end{cases} \left(\varepsilon \to 0\right)$$

◆ランプ応答

時間とともに一定の割合で増加する入力信号に対する出力信号を調べることをランプ応答という。出力信号は一定の偏差で入力に追従する。

ランプ応答の入力関数とその波形は以下のようになる。

〈入力関数〉　　　　　　　　　〈波形〉

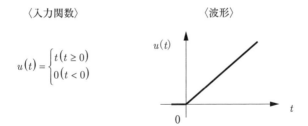

$$u(t) = \begin{cases} t\left(t \ge 0\right) \\ 0\left(t < 0\right) \end{cases}$$

◆ステップ応答

ステップ上の入力信号に対する出力信号を調べることをステップ応答といい、単位ステップ関数を入力信号とした場合をインデンシャル応答という。時間がたつと入力信号と出力信号は一致する。

ステップ応答の入力関数とその波形は以下のようになる。

〈入力関数〉　　　　　　　　　〈波形〉

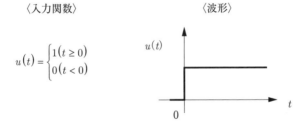

$$u(t) = \begin{cases} 1\left(t \ge 0\right) \\ 0\left(t < 0\right) \end{cases}$$

以上より、正解は⑤となる。

【解答】⑤

 インパルス応答、ランプ応答、ステップ応答、インデンシャル応答

（令和4年度問題12）

下図に示す抵抗 R とコンデンサ C を有する RC 回路において、入力電圧 e_i と出力電圧 e_o に関する伝達関数として、適切なものはどれか。

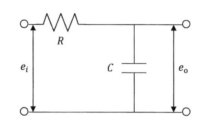

① $\dfrac{1}{1+CRs}$　　② $\dfrac{1}{1-CRs}$　　③ $\dfrac{CRs}{s+CRs}$

④ $\dfrac{CRs}{1+CRs}$　　⑤ $\dfrac{CRs}{1-CRs}$

【ポイントマスター】

RC 回路のように、入出力関係が1階の線形微分方程式で表現されるものを、1次遅れ要素と呼び、伝達関数を求めることにより、時間 t のときの出力値を知ることが可能になります。コイルを含んだ RLC 回路は、2次遅れ要素になります。

【解説】

回路に流れる電流を i とすると、回路方程式は以下のようになる。

$$e_i = R_i + e_o$$

$$e_o = \frac{1}{C}\int i\,dt$$

上の2式をラプラス変換すると

$$E_i = RI + E_o$$

$$E_o = \frac{1}{sC} I \Leftrightarrow I = sCE_o$$

上の2式からIを消去して、出力 / 入力の形になるようにして、伝達関数を算出すると

$$\frac{E_o}{E_i} = \frac{1}{1 + CRs}$$

以上より、正解は①となる。

【解答】①

 RC回路、伝達関数、ラプラス変換

（令和4年度問題13）

　下図に示すフィードバック制御系が安定に動作するためのゲインKの範囲として、適切なものはどれか。

① $K > 0$

② $K < 0$

③ $K < 0$又は$6 < K$

④ $0 < K < 6$

⑤ $0 < K < 30$

$$\frac{5K}{s(s+1)(s+5)}$$

【ポイントマスター】

　フィードバック制御系が安定動作するためのゲインの範囲を求める問題です。系全体の伝達関数を導出してから、特性方程式よりゲインKの範囲を求めます。フィードバック制御系の安定条件を求める問題は例年頻繁に出題されています。その際にラウス・フルビッツの安定判別法もよく用いられますので、改めて学習をしておきましょう。

【解説】

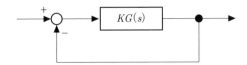

与えられたフィードバック制御系のブロック線図を上のように表したとき、

$$G(s) = \frac{5}{s(s+1)(s+5)} \quad \cdots\cdots (1)$$

となり、系全体の伝達関数 $T(s)$ は、

$$T(s) = \frac{KG(s)}{1+KG(s)}$$

となる。

式 (1) を代入して整理すると、

$$T(s) = \frac{KG(s)}{1+KG(s)}$$

$$= \frac{\dfrac{5K}{s(s+1)(s+5)}}{\dfrac{s(s+1)(s+5)+5K}{s(s+1)(s+5)}} = \frac{5K}{s^3+6s^2+5s+5K}$$

系全体の伝達関数の分母が0となる特性方程式は、

$$s^3 + 6s^2 + 5s + 5K = 0$$

ここでフィードバック制御系が安定に動作するゲイン K を導出するために、フルビッツの安定判別を用いる。フルビッツ行列の行列式が正であれば安定の条件を満たすので、

$$H = \begin{bmatrix} 6 & 5K \\ 1 & 5 \end{bmatrix} = (6 \times 5) - (5K \times 1) = 30 - 5K > 0$$

$$K < 6$$

また、係数がすべて正であることも安定の条件となるため、ゲイン K の範囲は、

$$0 < K < 6$$

以上より、正解は④となる。

【解答】④

　ラウス・フルビッツの安定判別法、フルビッツ行列、特性方程式

（令和4年度問題14）

　一巡伝達関数が $\dfrac{K}{s(s+2)(s+4)}$ で与えられるフィードバック制御系の

根軌跡の概形として、適切なものはどれか。

①

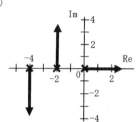

②

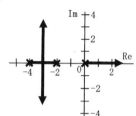

③

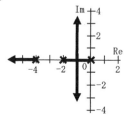

④

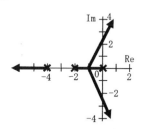

⑤

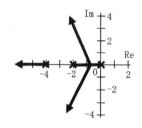

【ポイントマスター】

　根軌跡はフィードバック制御系に対して、ゲイン K を変化させたときの制御系全体の極の動きを可視化したものです。根軌跡の挙動はフィードバック制御系の開ループ伝達関数の極が始点となり、開ループ伝達関数の零点が終点となります。無限遠に向かって極が移動する場合は、漸近線に沿って移動します。したがって漸近線が満たす条件を導出することで、おおよその根軌跡を描くことができ、適切な解答を選ぶことができます。

【解説】

　フィードバック制御系の開ループ伝達関数（一巡伝達関数）は、

$$G(s) = \frac{K}{s(s+2)(s+4)}$$

よって開ループ伝達関数の極（$s = 0$、-2、-4）を始点として移動した制御系全体の極の軌跡は、無限遠点（零点：0個）に向かう。

　また、漸近線上の実軸との交点 σ_a とその角度 θ_a の関係は以下より、

$$\sigma_a = \frac{\sum 有限の極 - \sum 有限の零点}{有限の極数 - 有限の零点数}$$

$$\theta_a = \frac{(2k+1)\pi}{有限の極数 - 有限の零点数}$$

無限遠に向かう根軌跡の漸近線と実軸との交点の条件は、

$$\sigma_a = \frac{(0 + (-2) + (-4)) - 0}{3 - 0} = -2$$

$$\theta_a = \frac{(2k+1)\pi}{3 - 0} = \frac{\pi}{3} \quad (k = 0)$$

根軌跡は実軸に対して対称となるため、導かれる根軌跡はおおよそ下図のようになり、-2 と 0 を始点とした根の軌跡は漸近線に沿って無限遠に向かっていく。

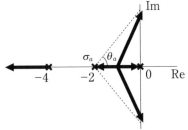

以上より、正解は④となる。

【解答】④

 根軌跡、フィードバック制御系全体の極、開ループ伝達関数

（令和3年度問題11）

　下図のように伝達関数 $G(s)$ に入力 $u(t)$ を加えたときの定常出力 $y(t)$ として、適切なものはどれか。

$$\xrightarrow{U(s)} \boxed{G(s)} \xrightarrow{Y(s)}$$

$$G(s) = \frac{10}{s+2}、\quad u(t) = \sin t$$

① $\sin t$

② $\sqrt{12}\sin(t+\alpha)、\quad \alpha = \tan^{-1}(-1/2)$

③ $\sqrt{12}\sin(t+\alpha)、\quad \alpha = \tan^{-1}(-2)$

④ $\sqrt{20}\sin(t+\alpha)、\quad \alpha = \tan^{-1}(-1/2)$

⑤ $\sqrt{20}\sin(t+\alpha)、\quad \alpha = \tan^{-1}(-2)$

【ポイントマスター】

　ラプラス変換を用いて伝達関数より定常出力を求める問題です。ラプラス変換表が与えられていないため、ラプラス変換ができないと問題を解くことができません。ラプラス変換表は常に提示されるとは限らないので、最低限の変換は逆変換も合わせて双方向で覚えておきましょう（152ページの【コラム：ラプラス変換】参照）。

【解説】

　入力信号 $u(t) = \sin t$ をラプラス変換すると、

$$U(s) = L[\sin t] = \frac{1}{s^2+1}$$

　伝達関数 $G(s)$ と入力 $U(s)$ から出力関数 $Y(s)$ は

$$Y(s) = \frac{10}{s+2} \cdot \frac{1}{s^2+1}$$

これを部分分数分解すると、

$$Y(s) = \frac{2}{s+2} + \frac{-2s+4}{s^2+1} = \frac{2}{s+2} + \frac{-2s}{s^2+1} + \frac{4}{s^2+1}$$

時間領域での定常出力 $y(t)$ を求めるため、上式を逆ラプラス変換をすると、

$$y(t) = 2L^{-1}\left[\frac{1}{s+2}\right] - 2L^{-1}\left[\frac{s}{s^2+2}\right] + 4L^{-1}\left[\frac{1}{s^2+2}\right]$$
$$= e^{-2t} - 2\cos t + 4\sin t$$

（ラプラス変換表はコラムを参照のこと）

ここで定常時、すなわち $t \to \infty$ において第1項の e^{-2t} は0となるので、

$$y(t) = -2\cos t + 4\sin t$$

三角関数の合成条件よりまとめると、

$$y(t) = \sqrt{2^2+4^2}\,\sin(t+\alpha) = \sqrt{20}\,\sin(t+\alpha)$$

$$\tan\alpha = \frac{-2}{4} = -\frac{1}{2}$$

$$\therefore \alpha = \tan^{-1}\left(-\frac{1}{2}\right)$$

以上より、正解は④となる。

【解答】④

 キーワード　ラプラス変換、定常出力

（令和3年度問題12）

　下図に示すフィードバック制御系において、制御対象 $P(s)$ 及びコントローラ $C(s)$ の伝達関数が次式のように与えられている。

$$P(s) = \frac{b}{s+a}\,、\quad C(s) = K_p$$

$a = -2$、$b = 1$ のとき、制御対象の極は $s = 2$ となり不安定である。そのとき、フィードバック制御系が安定になる定数 K_p として、最も適切

142

なものはどれか。

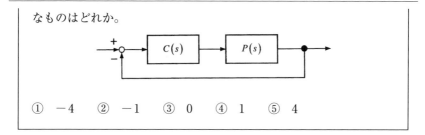

① −4　② −1　③ 0　④ 1　⑤ 4

【ポイントマスター】

　フィードバック制御の極配置に関する問題です。フィードバック制御系が安定であるための条件は、閉ループ伝達関数の分母を 0（ゼロ）とした多項式（特性方程式）のすべての極の実部が負であることです。これらの条件に合う選択肢を選ぶことで答えが導かれます。

【解説】

　フィードバック制御系の閉ループの伝達関数を等価変換を用いて求めると、

$$G(s) = \frac{C(s)P(s)}{1 + C(s)P(s)}$$

ここで、$P(s) = \dfrac{b}{s+a}$ 、$C(s) = K_p$ を代入して整理すると、

$$G(s) = \frac{C(s)P(s)}{1 + C(s)P(s)} = \frac{K_p b}{s + a + K_p b}$$

$a = -2$、$b = 1$　のときの伝達関数は、

$$G(s) = \frac{K_p}{s - 2 + K_p}$$

フィードバック制御系が安定であるための条件は、伝達関数のすべての極の実部が負であることから、極を求める。

$$s - 2 + K_p = 0$$

極の実部が負となるための条件は

$$s = 2 - K_p < 0　より　K_p > 2$$

上記の条件を満たす値は 4 のみ。

以上より、正解は⑤となる。

【解答】⑤

 特性方程式、極配置、閉ループ系

（令和3年度問題13）

次の記述の　　　に入る語句の組合せとして、最も適切なものはどれか。

PID制御において、目標値と制御量の偏差に比例した操作を行うのがP制御であり、偏差の積分値に比例した操作を行うのがI制御である。PI制御は一般に　ア　に有効である。また、偏差の微分値に比例した操作を行うのがD制御で、PD制御は一般に　イ　に有効である。

	ア	イ
①	むだ時間の低減	応答性の向上
②	むだ時間の低減	定常偏差の除去
③	定常偏差の除去	応答性の向上
④	定常偏差の除去	むだ時間の低減
⑤	応答性の向上	むだ時間の低減

【ポイントマスター】

（平成29年度　問題11）と同じPID制御に関する過渡応答の問題です。制御系に入力信号を与えた場合、それが原因で出力信号が生じます。この出力信号が定常状態に達するまでの過渡的な経過のことを過渡応答といいます。また、入力の正弦波形と出力の正弦波形とを比較する周波数応答についても学習しておきましょう。

【解説】

・PID制御（比例積分微分制御）：

比例動作の次に微分動作により大きな出力を与える。

その後積分動作によって連続的に変化する。

・P動作（比例動作）：

入力値に比例して出力値の大きさを決める動作。

比例動作のみによってシステムを制御すると、最終的な制御量は目標値に対して定常偏差（オフセット）が残る。

・I動作（積分動作）：

　　入力値に応じて出力値に一定の変化を与える。

　　最終的な制御量を目標値に一致させるように連続変化する。

　　リセット動作とも呼ばれる。

・D動作（微分動作）：

　　入力値に応じて大きな是正動作を行う。レート動作とも呼ばれる。

・PI動作（比例積分動作）：

　　比例動作で残るオフセット（定常偏差）を除くために、積分動作が加わったもの。

・PD動作（比例微分動作）：

　　比例動作での操作遅れをなくすため、微分動作により対応する。

　それぞれの動作がどのようなものか、図によってイメージしておくとわかりやすい。

　下図は、制御に必要な操作信号を自動的に作り出す調節計に階段状の偏差を加えたときの、各制御による調節計の出力を表している。

y：調節計の出力、t：時間

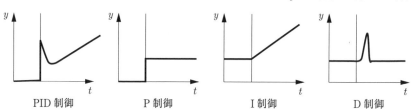

|PID 制御|P 制御|I 制御|D 制御|

　なお、むだ時間とは、その名のとおり、操作を行っても応答がなく制御量が変化しない時間のことをいい、すべてのプロセスには多かれ少なかれむだ時間は存在する。

　以上より、正解は③となる。

【解答】③

PID制御、PI制御、定常偏差、応答性、むだ時間

（令和3年度問題14）

　下図に示すフィードバック制御系を考える。ここで、$R(s)$、$Y(s)$、$E(s)$ は、それぞれ目標値 $r(t)$、出力 $y(t)$、偏差 $e(t)$ のラプラス変換であり、$E(s) = R(s) - H(s)Y(s)$ で表される。定常偏差は $\lim_{t \to \infty} e(t)$ であり、$G(s)H(s)$ は次式のように定められている。

$$G(s)H(s) = \frac{s+2}{s^3 + 2s^2 + 2s + 1}$$

目標値を単位ステップ入力とするとき、定常偏差として、適切なものはどれか。

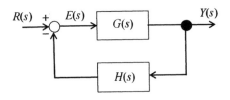

① 0　　② $\frac{1}{3}$　　③ $\frac{2}{3}$　　④ 2　　⑤ ∞（無限大）

【ポイントマスター】

　フィードバック制御に関する問題です。等価変換の知識も必要になるので、必ず148ページの【コラム：等価変換】を暗記しておくようにしましょう。ラプラス変換における最終値の定理についても、覚えておくようにしましょう。

【解説】

　$E(s) = R(s) - H(s)Y(s)$ より

$$\frac{E(s)}{R(s)} = 1 - \frac{H(s)Y(s)}{R(s)} \quad \cdots\cdots (1)$$

上記ブロック線図を等価変換すると

$$Y(s) = \frac{G(s)}{1 + G(s)H(s)} R(s) \quad \rightarrow \quad \frac{Y(s)}{R(s)} = \frac{G(s)}{1 + G(s)H(s)}$$

これを式 (1) に代入すると

$$\frac{E(s)}{R(s)} = 1 - \frac{H(s)G(s)}{1 + G(s)H(s)} = \frac{1 + G(s)H(s) - G(s)H(s)}{1 + G(s)H(s)}$$

$$= \frac{1}{1 + G(s)H(s)}$$

$G(s)H(s) = \dfrac{s + 2}{s^3 + 2s^2 + 2s + 1}$ を代入して

$$\frac{E(s)}{R(s)} = \frac{1}{1 + \dfrac{s+2}{s^3 + 2s^2 + 2s + 1}} = \frac{1}{\dfrac{s^3 + 2s^2 + 3s + 3}{s^3 + 2s^2 + 2s + 1}} = \frac{s^3 + 2s^2 + 2s + 1}{s^3 + 2s^2 + 3s + 3}$$

単位ステップ入力のラプラス変換は、$R(s) = \dfrac{1}{s}$ なので

$$E(s) = \frac{s^3 + 2s^2 + 2s + 1}{s^3 + 2s^2 + 3s + 3} \cdot R(s) = \frac{s^3 + 2s^2 + 2s + 1}{s^3 + 2s^2 + 3s + 3} \cdot \frac{1}{s}$$

最終値の定理より

$$\lim_{t \to \infty} e(t) = \lim_{s \to 0} s \cdot E(s) = s \cdot \frac{s^3 + 2s^2 + 2s + 1}{s^3 + 2s^2 + 3s + 3} \cdot \frac{1}{s}$$

ここで、s に（$s \to 0$）を代入すると $\dfrac{1}{3}$ となる。

以上より、正解は②となる。

【解答】②

 フィードバック制御、ステップ入力、定常偏差、ラプラス変換

【コラム】
等価変換（ブロック線図を伝達関数に変換）

　ブロック線図の等価変換は毎年出題されています。等価変換の種類と手順がわかっていれば得点源となります。等価変換を行う際の手順は、まず、結合（1）〜（3）ができる箇所を探します。次に、結合ができれば結合し、できる場所がなければ、結合ができるように、加え合わせ点4-1）〜4-2）、引き出し点5-1）〜5-2）の移動を行います。多くの問題はこの手順の繰り返しで解答できます。以下に記載する結合と移動を暗記してしまいましょう。

1）直列結合

2）並列結合

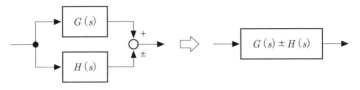

3）フィードバック結合

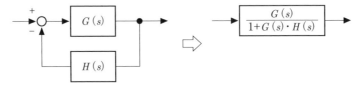

　$H(s)$ が1の場合

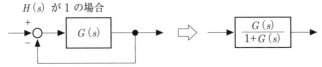

4-1）加え合わせ点の要素前への移動

4-2) 加え合わせ点の要素後への移動

5-1) 引き出し点の要素前への移動

5-2) 引き出し点の要素後への移動

（令和2年度問題11）

　下図のようなフィードバック制御系を考える。ここに、$X(s)$、$Y(s)$ はそれぞれ入力、出力である。伝達関数 $G(s)$ が

$$G(s) = \frac{2s+1}{s^2+s+1}$$

の制御対象に対して、次式の制御装置 $K(s)$ を設計する。

$$K(s) = k_1 s + k_0$$

閉ループ系の極を $-2/3$ と -1 に配置して、系を安定化するための係数 k_0、k_1 の組合せとして、最も適切なものはどれか。なお、閉ループ系の特性方程式は次式で与えられる。

$$1 + K(s)G(s) = 0$$

① $k_0 = 4$、　　$k_1 = 5$

② $k_0 = 5$、　　$k_1 = 4$

③ $k_0 = -5/7$、$k_1 = -2/7$

④ $k_0 = 5/7$、　$k_1 = 2/7$

⑤ $k_0 = -2/7$、$k_1 = -5/7$

【ポイントマスター】

　フィードバック制御の極配置に関する問題です。出題されたフィードバック制御系のブロック線図を変換すると、次図の閉ループ系となります。この閉ループ系の伝達関数の分母を 0（ゼロ）とした多項式（特性方程式）を解いた答えが極（又は根）となります。2つの極が既知であれば、特性方程式から2つの未知数を求めることができます。

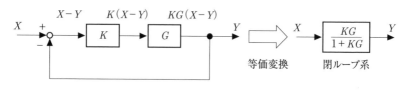

$$Y = KG(X - Y) \quad \rightarrow \quad \frac{Y}{X} = \frac{KG}{1 + KG}$$

【解説】

　はじめに、$G(s)$、$K(s)$ から $1 + K(s)G(s)$ を求める。

$$1 + K(s)G(s) = 1 + \frac{(2s+1)(k_1 s + k_0)}{s^2 + s + 1} = \frac{(2k_1 + 1)s^2 + (2k_0 + k_1 + 1)s + (k_0 + 1)}{s^2 + s + 1} = 0$$

　閉ループ系の極は上式の特性方程式を満たすものであり、かつ問題文より極が $-2/3$、-1 に配置されることから、そのような2次式は $(s + 2/3)(s + 1) = 0$ となる。

　これらより、

$$s^2 + \frac{2k_0 + k_1 + 1}{2k_1 + 1}s + \frac{k_0 + 1}{2k_1 + 1} = s^2 + \frac{5}{3}s + \frac{2}{3} = 0$$

となり、この式の係数から次式の連立方程式を得る。

$$\frac{2k_0 + k_1 + 1}{2k_1 + 1} = \frac{5}{3}、\quad \frac{k_0 + 1}{2k_1 + 1} = \frac{2}{3}$$

これを解くと、$k_0 = 5$、$k_1 = 4$ となる。

以上より、正解は②となる。

【解答】②

 特性方程式、極配置、閉ループ系

（令和2年度問題12）

　時間関数 $f(t)$ のラプラス変換が $F(s) = \dfrac{1}{s^2 - s - 6}$ であるとき、$f(t)$ として、最も適切なものはどれか。

参考：ラプラス変換表

時間関数：$f(t)$	$\delta(t)$	$u(t)$	e^{at}	$\sin\omega t$	$\cos\omega t$	$e^{at}f(t)$
$f(t)$のラプラス 変換：$F(s)$	1	$\dfrac{1}{s}$	$\dfrac{1}{s-a}$	$\dfrac{\omega}{s^2+\omega^2}$	$\dfrac{s}{s^2+\omega^2}$	$F(s-a)$

ただし、$\delta(t)$ はデルタ関数、$u(t)=\begin{cases}1\ (t \geq 0)\\0\ (t < 0)\end{cases}$ は単位ステップ関数である。

① $-e^{-3t} + e^{2t}$　　　② $e^{3t} - e^{-2t}$　　　③ $e^{3t} + e^{-2t}$

④ $-\dfrac{1}{5}\left(e^{-3t} - e^{2t}\right)$　　　⑤ $\dfrac{1}{5}\left(e^{3t} - e^{-2t}\right)$

【ポイントマスター】

　ラプラス変換された式を逆ラプラス変換し、時間関数を求めるといった問題です。過去にもたびたび出題されているので、これを機に解法を習得しましょう。逆ラプラス変換を行う問題は、ラプラス変換された式を部分分数分解するか、三角関数に関する公式に当てはめるように、式を変形させる必要があります。変換表が提示されている場合は、手順に従えば比較的容易に正解を導くことが可能です。152ページの【コラム：ラプラス変換】も確認しておきましょう。

【解説】

　はじめに、$F(s)$ の部分分数分解を行う。以下のように定数を A、B とおいて求めるとよい。

$$F(s) = \frac{1}{s^2 - s - 6} = \frac{1}{(s+2)(s-3)} = \frac{A}{s+2} + \frac{B}{s-3} = \frac{(A+B)s - 3A + 2B}{(s+2)(s-3)}$$

分子は $(A+B)s - 3A + 2B = 1$ となり、$A + B = 0$、$-3A + 2B = 1$ で $A = -\dfrac{1}{5}$、$B = \dfrac{1}{5}$ となる。

したがって、$F(s)$ を部分分数分解を行った式は次式となる。

$$F(s) = \frac{1}{5}\left[\frac{1}{s-3} - \frac{1}{s+2}\right] = \frac{1}{5}\left[\frac{1}{s-3} - \frac{1}{s-(-2)}\right]$$

ラプラス変換表より $L^{-1}\left[\dfrac{1}{s-a}\right] = e^{at}$ の公式を用いて、上式の $F(s)$ を逆ラプラス変換する。

$$L^{-1}\left[F(s)\right] = L^{-1}\left[\frac{1}{5}\left(\frac{1}{s-3} - \frac{1}{s-(-2)}\right)\right] = \frac{1}{5}\left[L^{-1}\left(\frac{1}{s-3}\right) - L^{-1}\left(\frac{1}{s-(-2)}\right)\right]$$

$$= \frac{1}{5}(e^{3t} - e^{-2t})$$

以上より、正解は⑤となる。

【解答】⑤

 キーワード　ラプラス変換、逆ラプラス変換、部分分数分解

【コラム】

ラプラス変換

　過去の問題を分析すると、ラプラス変換された式（像関数 $F(s)$）を逆ラプラス変換し原関数 $f(t)$ を求める問題がたびたび出題されています。また、定常位置偏差や定常出力を導出するために、ラプラス領域の中で最終値の定理を用いて、定常状態の値を求める問題も同様にみられます。ラプラス変換や逆ラプラス変換を必要とする問題の中で、ラプラス変換表が参考として提示されるかはさまざまです（近年では令和2年度を最後にラプラス変換表が問題文の中にありません）。ラプラス変換を必要とする問題は今後も継続して出題が予想されますので、この機会に暗記をしておくことをおすすめします。また、ラプラス変換を利用とする問題は、与えられる偶関数を部分分数分解したり、最

終値の定理との組み合わせによって解答を導く問題などがありますので、過去問からパターンを分析し、学習をしておきましょう。ラプラス変換に苦手意識を持つ受験者にとっても、パターンを習得すれば得点につながることが期待できます。

	デルタ関数	ステップ関数	指数関数	正弦関数	余弦関数
原関数	$\delta(t)$	$u(t)\ (=1)$	e^{at}	$\sin\omega t$	$\cos\omega t$
像関数	1	$\dfrac{1}{s}$	$\dfrac{1}{s-a}$	$\dfrac{\omega}{s^2+\omega^2}$	$\dfrac{s}{s^2+\omega^2}$

　像関数の変形は部分分数分解を行えばよいのですが、三角関数を含む原関数の場合は、三角関数に関する公式に当てはめるように像関数を変形させれば短時間で解答ができます。以下の例を参考にして練習してみましょう。

三角関数を含まない原関数の場合

　以下のように分解後の分子を A、B 等の定数で置き、通分して定数を求めましょう。

　令和2年度　問題12

$$F(s)=\frac{1}{s^2-s-6}=\frac{1}{(s+2)(s-3)}=\frac{A}{s+2}+\frac{B}{s-3}$$
$$=\frac{(A+B)s-3A+2B}{(s+2)(s-3)}=\frac{1}{5}\left(\frac{1}{s-3}-\frac{1}{s-(-2)}\right)$$

　　$\therefore A+B=0,\ -3A+2B=1$

したがって、$f(t)=\dfrac{1}{5}\left(e^{3t}-e^{-2t}\right)$

　令和元年度（再試験）　問題13

$$F(s)=\frac{1}{s(s+1)}=\frac{A}{s}+\frac{B}{s+1}=\frac{(A+B)s+A}{s(s+1)}=\frac{1}{s}-\frac{1}{s-(-1)}$$

　　$\therefore A+B=0,\ A=1$

したがって、$f(t)=u(t)-e^{-t}=1-e^{-t}$

三角関数を含む原関数の場合

以下に示す4つの公式を覚えましょう。

$$L\big[e^{-at}\sin\omega t\big] = \frac{\omega}{(s+a)^2 + \omega^2} \quad 、 \quad L\big[\sin\omega t\big] = \frac{\omega}{s^2 + \omega^2}$$

$$L\big[e^{-at}\cos\omega t\big] = \frac{s+a}{(s+a)^2 + \omega^2} \quad 、 \quad L\big[\cos\omega t\big] = \frac{s}{s^2 + \omega^2}$$

技術士第一次試験で三角関数の公式を用いる問題は、$e^{-at}\sin\omega t$、$e^{-at}\cos\omega t$ を使用することが多く、像関数の分母を $(s+a)^2 + \omega^2$ の形にし、分子を $s+a$ または ω になるように定数を決めれば分解できます。$e^{-at}\sin\omega t$, $e^{-at}\cos\omega t$ の公式は問題文に示されることはないので、暗記しておくとよいでしょう。出題された問題で例を示しますので、参考にしてください。

平成30年度　問題12

$$F(s) = \frac{1}{s^2 + 4s + 7} = \frac{1}{(s+2)^2 + 3} = \frac{1}{\sqrt{3}}\frac{\sqrt{3}}{(s+2)^2 + (\sqrt{3})^2}$$

したがって、$f(t) = \dfrac{1}{\sqrt{3}}e^{-2t}\sin\sqrt{3}t$

平成20年度　問題21

$$F(s) = \frac{s+1}{s^2 + 4s + 5} = \frac{(s+2)-1}{(s+2)^2 + 1^2} = \frac{(s+2)}{(s+2)^2 + 1^2} - \frac{1}{(s+2)^2 + 1^2}$$

したがって、$f(t) = e^{-2t}(\cos t - \sin t)$

また、フィードバック制御系にステップ入力したときの定常偏差を求める令和3年度　問題14のような問題に、ラプラス変換と最終値の定理を用いて解を導出することがあります。本問題ではラプラス変換表は提示されていないので、ステップ入力のラプラス変換や以下に示す最終値の定理などを理解しておく必要があります。

$$\lim_{t\to\infty} e(t) = \lim_{s\to 0} s \cdot E(s)$$
$(E(s)$ は偏差 $e(t)$ をラプラス変換したもの)

1. 制御キーワード

問題中に取り上げられなかった重要キーワードを示します。
自分で調べ、確認するようにしましょう。

キーワード	メ　モ	確認欄
古典制御		
現代制御		
システム同定		
可制御・可観測		
振動制御		
音場・騒音・音響制御		
最適制御		
ロバスト制御		
非線形制御		
適応制御		
ファジィ制御		
学習制御		
プロセス制御		
オブザーバ		
状態フィードバック		
チャタリング		
ハンチング		
モーションコントロール		
ニューラルネットワーク制御		
量子制御		
AI 制御		

2. 機 械 力 学 編

　下図のように長さ ℓ で一様な質量 m の細長い剛体棒が固定軸Oの回りを微小角 θ で振動する。重力加速度を g とするとき、この棒の固有角振動数として、適切なものはどれか。

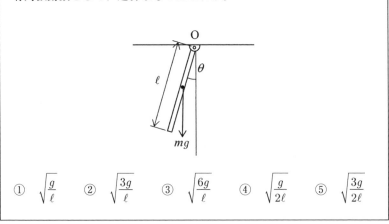

① $\sqrt{\dfrac{g}{\ell}}$　　② $\sqrt{\dfrac{3g}{\ell}}$　　③ $\sqrt{\dfrac{6g}{\ell}}$　　④ $\sqrt{\dfrac{g}{2\ell}}$　　⑤ $\sqrt{\dfrac{3g}{2\ell}}$

【ポイントマスター】

　剛体棒の回転運動に関する問題です。固定軸回りの振動に関する運動方程式を考え、それらが固有振動数を持つ条件を考えて導きましょう。また、慣性モーメントについても導出できるように復習しておきましょう。（平成28年度問題20）と同じ問題です。

【解説】

　右の図の点O回りの剛体棒の慣性モーメントを J とすると、剛体棒の振り子振動に関する運動方程式は、

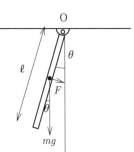

$$J\ddot{\theta} + F \times \frac{\ell}{2} = 0 \quad \cdots\cdots (1)$$

ここで、剛体棒の回転方向にかかる力 F は、

$F = mg \sin\theta$ となる。また、微小角 θ は $\sin\theta \cong \theta$ と近似できるので、式 (1) は、

$$J\ddot{\theta} + \frac{1}{2}mg\ell\theta = 0 \quad \cdots\cdots (2)$$

　ここで、剛体棒の角度 $\theta = \alpha \sin\omega_n t$ （α：任意定数）として式 (2) に代入すると、

$$-\omega_n^2 J\alpha \sin\omega_n t + \frac{1}{2}mg\ell\alpha \sin\omega_n t = 0 \quad \cdots\cdots (3)$$

　式 (3) を ω_n について解くと、

$$\omega_n = \sqrt{\frac{mg\ell}{2J}} \quad \cdots\cdots (4)$$

　ここで、剛体棒の慣性モーメントは $J = \frac{1}{3}m\ell^2$ なので、式 (4) は、

$$\omega_n = \sqrt{\frac{3g}{2\ell}}$$

　以上より、正解は⑤となる。

【解答】⑤

 固有角振動数、慣性モーメント

【コラム】

慣性モーメントの求め方

　ここではいろいろな条件の慣性モーメントの求め方を確認しましょう。

（1）質量が無視できる長さ l の棒の先に、質量 m の質点がついた系の点 O まわりの慣性モーメント（図1）

$$J_O = ml^2 \quad \cdots\cdots (1)$$

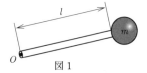

図1

（2）長さ l、質量 m の一様な棒の慣性モーメント

（ⅰ）重心 G まわり（図2.1）

$$J_G = \frac{m}{l} \int_{-l/2}^{l/2} x^2 dx = \frac{1}{12} ml^2 \quad \cdots\cdots (2)$$

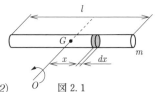

図2.1

（ⅱ）端点 O まわり（図2.2）

$$J_O = \frac{m}{l} \int_{0}^{l} x^2 dx = \frac{1}{3} ml^2 \quad \cdots\cdots (3)$$

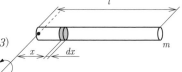

図2.2

（ⅲ）重心から h だけ離れた点 P まわり（図2.3）

$$J_P = \frac{1}{12} ml^2 + mh^2 \quad \cdots\cdots (4)$$

ここで、$J_P = J_G + mh^2$ が成り立つ。これを慣性モーメントの**並行軸の定理**という。

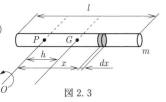

図2.3

（3）面密度 ρ、半径 R、厚さ一定の円板の慣性モーメント

（ⅰ）中心軸まわりの慣性モーメント）（図3.1）

$$J_O = \frac{1}{2} mR^2 \quad \cdots\cdots (5)$$

ただし、$m = \rho \pi R^2$ とする。

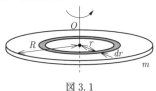

図3.1

158

（ⅱ）中心点を通る x 軸まわりの慣性モーメント（図3.2）

慣性モーメントの直行軸の定理より

$$J_O = J_x + J_y$$

が成り立つ。円板の対称性から

$$J_x = J_y$$

なので、

$$J_x = \frac{1}{2} J_O = \frac{1}{4} mR^2 \quad \cdots\cdots (6)$$

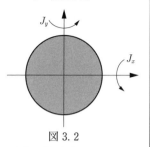

図3.2

（令和4年度問題16）

　下図のように、共有する中心軸に固定された2個の定滑車A、Bと1個の動滑車をくさりで連結した差動滑車がある。動滑車の中心に重さ W の物体を吊るした状態で、差動滑車を停止させるために、Aにかかったくさりを引く力 F として、適切なものはどれか。なお、定滑車A、Bの半径はそれぞれ R と r で、動滑車の重さは無視する。

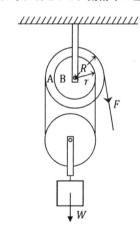

① $\dfrac{W(R+r)}{R}$ ② $\dfrac{W(R-r)}{R}$ ③ $\dfrac{W(R+r)}{2R}$

④ $\dfrac{W(R-r)}{2R}$ ⑤ $\dfrac{W(R-r)}{2}$

【ポイントマスター】

滑車のくさりに作用する張力を丁寧に抽出し、滑車A・Bに作用する回転モーメントのつり合いから導きます。なお、くさりを引く力Fに対する物体の重さWの比は揚力比と呼ばれ、滑車装置における力の伝達効率を表します。

【解説】

滑車A・Bに作用する回転モーメントのつり合いから

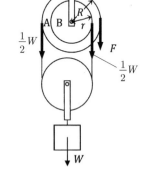

$$\frac{1}{2}Wr - \frac{1}{2}WR + FR = 0$$

これを力Fについて整理すると

$$F = \frac{W(R-r)}{2R}$$

以上より、正解は④となる。

【解答】④

 差動滑車、回転モーメント、揚力比

（令和4年度問題17）

　クレーンが1 kWのモータにより200 kgの物体を毎秒300 mmの速さで吊り上げている。このクレーンの効率として、適切なものはどれか。

① 1.7%　　② 6.0%　　③ 12.0%　　④ 58.8%　　⑤ 196%

【ポイントマスター】

仕事率の定義に基づいて解答します。単位にも気をつけましょう。

$$仕事率［\mathrm{W}］ = \frac{仕事［\mathrm{J}］}{時間［\mathrm{s}］} = \frac{力［\mathrm{N}］×移動距離［\mathrm{m}］}{時間［\mathrm{s}］}$$

【解説】

$M = 200$ kgの物体に加わる重力の大きさ（物体を持ち上げるのに必要な力）

160

は、重力加速度を g として、

$Mg = 200 \times 9.8$

これを毎秒300 mmで動かしたときの仕事率は

仕事率［W］＝ $200 \times 9.8 \times 0.3$

一方、モーターの電力は1000 Wなので、モーターの電力に対して実際の仕事率の比を効率 ε として、

$$\varepsilon = \frac{200 \times 9.8 \times 0.3}{1000} = 0.588 = 58.8\%$$

以上より、正解は④となる。

【解答】④

 仕事、仕事率

（令和4年度問題18）

　下図のように、ある動摩擦係数の水平面上にばね定数 k のばねを横たえ、一方の端を水平面に垂直な壁に固定し、もう一方の端に質量 m の物体を取り付けた。ばねが自然長のときの物体の位置を $x = 0$ とする。物体を x 軸の正方向に21 mmだけ引っ張り、静かに放したとき、質量が静止する物体の位置の x 軸座標として、適切なものはどれか。ただし、$m = 1$ kg、$k = 0.5$ N/mm、固体摩擦力 $f = 1$ N とする。

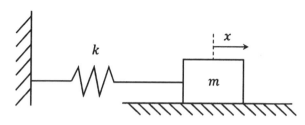

① 　−2 mm　　② 　−1 mm　　③ 　0 mm

④ 　1 mm　　⑤ 　2 mm

【ポイントマスター】

摩擦を受ける1自由度振動系の問題です。摩擦力は運動する方向により力が反転するため、方程式も場合分けが必要となるなど、真面目に解くのは少々難しいですが、運動の特徴を理解しておけば難しい計算をすることなく、正解を導くことができます。

【解説】

摩擦力を考慮した運動方程式を考える。まず物体が x の負の方向に運動中の場合、

$$m\ddot{x} + kx = f$$

整理すると、

$$m\ddot{x} + k\left(x - \frac{f}{k}\right) = 0$$

上式より、摩擦力により振動の中心が $\frac{f}{k}$ だけずれることになる。したがって初期の座標が A だった場合、摩擦力により振幅は $\left|A - \frac{f}{k}\right|$ となり、一番左側まで物体が移動して静止したとき（反転位置）の座標は $-\left(A - \frac{2f}{k}\right)$ となる。ここで反転位置の座標 x が $-\frac{f}{k} < x < \frac{f}{k}$ となると、ばね力より摩擦力が勝ることになり物体は静止する。そうでなければ、ばね力が摩擦力に勝り、物体は向きを変えてまた運動することになる。

次に物体が x の正の方向運動中の場合の運動方程式は、

$$m\ddot{x} + kx = -f$$

整理すると、

$$m\ddot{x} + k\left(x + \frac{f}{k}\right) = 0$$

上式より、摩擦力により振動の中心が $-\frac{f}{k}$ だけずれることになる。したがって初期の座標が $-B$ だった場合、摩擦力により振幅は $\left|B - \frac{f}{k}\right|$ となり、一番右側まで物体が移動したとき（反転位置）の座標は $\left(B - \frac{2f}{k}\right)$ となる。$-B$ は $-\left(A - \frac{2f}{k}\right)$ であるので、A を基準とすると、$\left(A - \frac{4f}{k}\right)$ となる。この後、物体

が静止するか、また向きを変えて運動を始めるかの条件は前述のとおり。

つまり、初期位置から反対側へ物体が移動すると、物体の反転位置が$-\dfrac{2f}{k}$だけ減り、反転して一往復するとさらに$-\dfrac{2f}{k}$（全体として$-\dfrac{4f}{k}$）、という風にどんどん反転位置が小さくなっていく。

実際の値で計算してみる。ここで、$A = 21$ mm、$\dfrac{f}{k} = 2$ mm。また物体が静止する条件は$-2 < x < 2$。

初期座標　　21 mm

左←右　　　$-(21 - 2 \times 2) = -17$ mm

左→右　　　$(17 - 2 \times 2) = 13$ mm

左←右　　　$-(13 - 2 \times 2) = -9$ mm

左→右　　　$(9 - 2 \times 2) = 5$ mm

左←右　　　$-(5 - 2 \times 2) = -1$ mm

ここで、物体の座標値が-1となり、$-2 < x < 2$の区間に入るので物体は静止する。

以上より、正解は②となる。

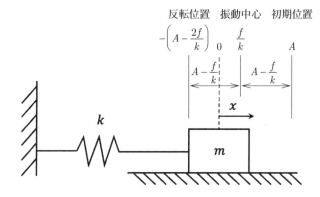

【解答】②

 摩擦力、振幅

（令和4年度問題19）

　下図は、平面内で考えた質量 M・慣性モーメント I の剛体車体と、その前後に取り付けられたサスペンションをばね定数 K_f、K_R で表わした自動車の模式図である。ただし、車体重心の（地面からの）高さを x、車体の（水平からの）傾きを θ、重心から前後サスペンション取り付け位置への距離を L_f、L_R とする。なお θ は微小とする。

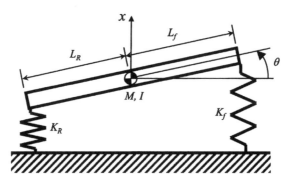

　この振動系の運動方程式は以下の2式である。

$$M\frac{d^2x}{dt^2} + K_f\left(x + L_f\theta\right) + K_R\left(x - L_R\theta\right) = 0$$

$$I\frac{d^2\theta}{dt^2} + K_fL_f\left(x + L_f\theta\right) - K_RL_R\left(x - L_R\theta\right) = 0$$

　この振動系において、x と θ が非連成となるための必要十分条件として、適切なものはどれか。

① 　$K_f = K_R$

② 　$L_f = L_R$

③ 　$K_f = K_R$　かつ　$L_f = L_R$

④ 　$K_fL_f - K_RL_R = 0$

⑤ 　$K_fL_f^2 - K_RL_R^2 = 0$

【ポイントマスター】

　一見難しい問題に見えますが、連成、非連成とはどのような現象なのかを踏

164

まえて考えることで、意外と簡単に解くことができます。

【解説】

　まず非連成振動とはどのような現象なのかを説明する。この問題のように x と θ の2つの自由度を持った振動系において固有振動モードの解析をした際、現れるモードの自由度が完全に独立している状態を非連成振動という。例えば振動モードのベクトルを (x,θ) と表すことにすると、モード1が $(x1,0)$、モード2が $(0,\theta2)$ のようになる（条件により逆もあり得る）。連成振動の場合は、モード1が $(x1,\theta1)$、モード2が $(x2,\theta2)$ のように x と θ の組み合わせでモードを形成する。

　ここで、非連成モード $(x1,0)$ に着目する。このモードは上下（x方向）に振動する際に、θ は変化しないことを表している。つまり、上下方向の変化に対してばね力によるモーメントが前後で同一となり、全体としてモーメントが発生しないことが条件となる。これを式に表すと、x方向の微小変化を Δx として、

$$K_R \Delta x \times L_R = K_f \Delta x \times L_f$$

左辺が後側のばねによるモーメント、右辺が前側のばねによるモーメントとなる（ここでは R 付を Rear と解釈して後側、f 付を front と解釈して前側とした）。これらが同一になるとき、モーメントが発生しない。つまり θ が変化しないということになる。

　上式を整理すると、

$$K_f \times L_f - K_R \times L_R = 0$$

以上より、正解は④となる。

【解答】 ④

 非連成振動、振動モード

（令和4年度問題20）

　下図のように、上端点Oをピン支持された質量Mの細長い棒がある。棒の重心GはOから距離hの位置にある。いま、棒が真下にぶら下がっている状態で、Oから下方向に距離rだけ離れた地点で右向きに衝撃力Pを作用させると、点Oに水平方向に抗力Fが作用するが、ある距離$r = r_p$のとき、Pの値にかかわらず$F = 0$となる。その距離r_pとして、適切なものはどれか。ただし、棒の重心回りの慣性モーメントをJとする。

① $\dfrac{J}{Mh}$

② $\dfrac{Mh}{J}$

③ $\dfrac{J + Mh^2}{Mh}$

④ $\dfrac{J}{Mh} + h$

⑤ そのような距離r_pは存在しない

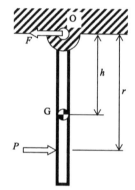

【ポイントマスター】

　問題には特に記載がないですが、これはまさに撃芯を求める問題です。撃芯とは例えば野球のバットでボールを打つ際に手に衝撃力が加わらないポイントのことです。

【解説】

　衝撃力Pを受けた棒が重心位置での速度v、角速度ωを得たとすると、

　　　$P = Mv$　……（1）

　角運動量と衝撃力Pによるモーメントの関係より、

　　　$J\omega = (r - h)P$　……（2）

　また、ωと重心位置での速度vの関係は、

　　　$v = h\omega$　……（3）

　式（2）に式（1）、式（3）を代入すると、

$$J \frac{v}{h} = (r - h)Mv$$

rについて解くと、

$$r = \frac{J}{Mh} + h = \frac{J + Mh^2}{Mh}$$

以上より、正解は③または④となる。（正答修正で正解が2つ）

【解答】　③または④

 撃芯

（令和4年度問題21）

　下図のように、質量mのおもりが糸でつながれており、滑らかな面を持つ水平な板の上を一定の角速度ωで回転している。糸は小さな穴を通り板の下側につながっており、その有効長rを変えられるものとする。角速度を2倍にするための糸の長さの変化として、適切なものはどれか。ただし、おもりと平面の間の摩擦及び空気抵抗は無視できるものとするが、rを変化させる際におもりになされる仕事は無視できないものとする。

① $\frac{1}{2}$ 倍にする

② $\frac{1}{\sqrt{2}}$ 倍にする

③ $\sqrt{2}$ 倍にする

④ 2倍にする

⑤ 4倍にする

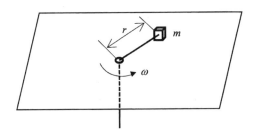

【ポイントマスター】

　角運動量保存の法則を用いた問題です。角運動量保存の法則を用いた問題はさまざまなパターンが考えられますので、ここでその原理をしっかり理解して対応できるようにしておきましょう。（平成27年度　問題21）と同じ問題です。

【解説】

角運動量Lは慣性モーメントIと角速度ωとすると、下式で定義される。

$$L = I\omega$$

糸の長さrのときの角速度ω、慣性モーメントI、糸の長さr'のときの角速度ω'、慣性モーメントI'とし、角運動量が糸の長さで変化しないとすれば（角運動量保存の法則）、下式が成り立つ。

$$I\omega = I'\omega' \quad \cdots\cdots (1)$$

ここで糸の長さrのときの慣性モーメントI、糸の長さr'のときの慣性モーメントI'はそれぞれ、

$$I = mr^2 、 I' = mr'^2$$

であるので、これらを式 (1) に代入して整理すると、

$$\left(\frac{r}{r'}\right)^2 = \frac{\omega'}{\omega} \quad \cdots\cdots (2)$$

問題では角速度を2倍にするための糸の長さr'を問われているので、

$$\omega' = 2\omega \quad \cdots\cdots (3)$$

式 (3) を式 (2) に代入して整理すると、

$$r' = \frac{1}{\sqrt{2}}r$$

以上より、正解は②となる。

【解答】②

 角運動量保存の法則、慣性モーメント、角速度

（令和4年度問題22）

　下図に示すように、水平から角度αだけ傾いた斜面に質量M、半径rの円柱を置き、静かに放す。そのときの時刻を$t = 0$とし、その位置から斜面に沿って下向きに測った距離をx、静止状態からの円柱の回転角度をθとする。このとき、円柱と斜面の間に作用する摩擦力F（斜面に沿って上向きを正とする）により、円柱はすべらずに斜面を

転がり落ちる、すなわち $x = r\theta$ が成立しているものとする。なお、中心軸周りの円柱の慣性モーメントは $\dfrac{1}{2}Mr^2$、加速度は g である。以上の条件のもとで、x と t の関係として適切なものはどれか。

① $\quad x = \dfrac{1}{2}gt^2 \sin\alpha$

② $\quad x = \dfrac{1}{3}gt^2 \sin\alpha$

③ $\quad x = \dfrac{2}{3}gt^2 \sin\alpha$

④ $\quad x = \dfrac{4}{3}gt^2 \sin\alpha$

⑤ $\quad x = gt^2 \sin\alpha$

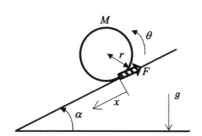

【ポイントマスター】

　斜面に置かれた円柱が転がるときの運動に関して、時間と距離の関係を求める問題となります。斜面に沿った並進運動による運動方程式と転がりによる円柱の回転運動の運動方程式を立て、それぞれを整理すると両者の関係を求めることができます。（平成30年度　問題20）と類似の問題です。

【解説】

　斜面に平行な方向の並進運動による運動方程式は、

$$M\ddot{x} = Mg \cdot \sin\alpha - F \quad \cdots\cdots (1)$$

　円柱の転がりの回転運動による運動方程式は、

$$\frac{1}{2}Mr^2\ddot{\theta} = Fr \quad \cdots\cdots (2)$$

　ここで、並進運動による移動距離 x と回転角度 θ には

$$x = r\theta$$

の関係があることから、

$$\ddot{\theta} = \frac{\ddot{x}}{r} \quad \cdots\cdots (3)$$

　式 (2) より $\dfrac{1}{2}Mr\ddot{\theta} = F$ の関係があるため、式 (1) へ代入して式 (3) を用いて整理すると、

$$M\ddot{x} = Mg \cdot \sin\alpha - \frac{1}{2}Mr\ddot{\theta}$$

$$= Mg \cdot \sin\alpha - \frac{1}{2}M\ddot{x}$$

$\ddot{x}$ について整理してまとめると、

$$\ddot{x} = \frac{2}{3}g \cdot \sin\alpha$$

x を時間 t に関する変数として上式を二重積分すると、

$$x = \frac{1}{3}gt^2 \cdot \sin\alpha \text{ が導かれる。}$$

以上より、正解は②となる。

【解答】②

 並進運動の運動方程式、回転運動の運動方程式

【コラム】

減衰のある1自由度系の振動

　図1のような粘性減衰がある場合の1自由度振動系について考えてみましょう。

　質点は減衰要素から質点の速度に比例する抵抗力を受けます。比例係数は減衰係数と呼ばれ、通常 c で表します。

　図1の運動方程式は質点に働く力として、ばねによる復元力に減衰項 $-c\dot{x}$ を付け加えて以下のようになります。

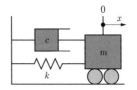

図1　1自由度系の振動モデル

$$m\ddot{x} = -kx - c\dot{x}$$

あるいは、

$$m\ddot{x} + c\dot{x} + kx = 0 \quad \cdots\cdots (1)$$

　この解を求める方法はいくとおりかありますが、ここでは解を $x = Ae^{\lambda t}$ とおくと、λ は $m\lambda^2 + c\lambda + k = 0$ の解となり、

$$\lambda = \frac{-c \pm \sqrt{c^2 - 4mk}}{2m} = \lambda_1, \lambda_2 \quad \cdots\cdots (2)$$

のように求められ、式 (1) の解は、

$$x = Ae^{\lambda_1 t} + Be^{\lambda_2 t} \quad \cdots\cdots (3)$$

となり、λ_1、λ_2 の正負、あるいは実数、虚数で質点の挙動が異なることになります。$(A, B$ は積分定数$)$

　ここで式 (2) の根号の中の正負で以下のように分けられます。

①過減衰

　$c^2 > 4mk$ のとき λ_1、λ_2 は負の数となり、時間とともに x は 0 に近づきます。したがって振動は起こらず、この現象は過減衰と呼ばれます。

②不足減衰

　$c^2 < 4mk$ のとき λ_1 と λ_2 はともに複素数となります。ここで、

$$\lambda_1, \lambda_2 = -\frac{c}{2m} \pm i\omega_d$$

$$\omega_d = \frac{\sqrt{4mk - c^2}}{2m}$$

であるので、

$$
\begin{aligned}
x &= Ae^{\left(-\frac{c}{2m} + i\omega_d\right)t} + Be^{\left(-\frac{c}{2m} - i\omega_d\right)t} \\
&= Ae^{-\frac{c}{2m}t}\left(\cos\omega_d t + i\sin\omega_d t\right) + Be^{-\frac{c}{2m}t}\left(\cos\omega_d t - i\sin\omega_d t\right) \\
&= e^{-\frac{c}{2m}t}\left(A'\cos\omega_d t + B'\sin\omega_d t\right) \\
&= \sqrt{A'^2 + B'^2}\,e^{-\frac{c}{2m}t}\sin\left(\omega_d t + \varphi\right) \quad \cdots\cdots (4)
\end{aligned}
$$

となり図2のような減衰振動が起こります。

　ここで、$e^{i\theta} = \cos\theta + i\sin\theta$ を用いており、A'、B' は積分定数、ω_d は減衰固有角振動数です。この現象は不足減衰と呼ばれます。

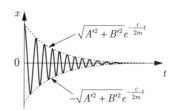

図2　不足減衰の時間変化

　③ $c^2 = 4mk$ のときは、$\lambda_1 = \lambda_2$ で、積分定数が1つになり、式 (3) が一般解にならないので、式 (1) の一般解を $x = f(t)e^{-\frac{c}{2m}t}$ とおいて、

$$x = (At + B)e^{-\frac{c}{2m}t} \quad \cdots\cdots (5)$$

のように求められます。（A, Bは積分定数）

式 (5) は図3に示すように時間とともに0に近づきます。この条件となる $c = 2\sqrt{mk}$ の値を臨界減衰係数（c_c）といいます。またこの振動の現象は臨界減衰と呼ばれます。

また、cと臨界減衰係数との比を減衰比といい、$\zeta = c/c_c$ で表します。

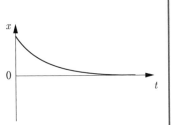

図3　臨界減衰の時間変化

（令和3年度問題16）

下図に示すように、ねじりばね定数kの軸の一端を固定し、他端に質量mの円板が取り付けられた振動系がある。この円板を角度θだけねじって振動させた場合の固有角振動数として、適切なものはどれか。ただし、軸の慣性モーメントは円板の軸心周りの慣性モーメントJと比べて無視できるほど小さいものとする。

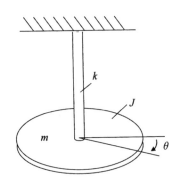

① $\sqrt{\dfrac{k}{m}}$　② $\sqrt{\dfrac{m}{k}}$　③ $\sqrt{\dfrac{k}{J}}$　④ $\sqrt{\dfrac{J}{k}}$　⑤ $\sqrt{\dfrac{k\theta}{m}}$

【ポイントマスター】

ねじりばねと円板によるねじり振動の固有角振動数を求める問題です。通常のばね質量系の振動との関連を意識して解くとわかりやすいでしょう。

【解説】

ねじり振動に関する運動方程式は、

$$J\ddot{\theta} + k\theta = 0 \quad \cdots\cdots (1)$$

ここで、固有角振動数を ω として、θ の解を下式のようにおく。

$$\theta = A \sin \omega t \quad \cdots\cdots (2)$$

式 (2) の 2 階微分は、

$$\ddot{\theta} = -A\omega^2 \sin \omega t \quad \cdots\cdots (3)$$

式 (2)、式 (3) を式 (1) に代入すると、

$$-JA\omega^2 \sin \omega t + kA \sin \omega t = 0$$

整理すると、

$$-J\omega^2 + k = 0$$

$$\omega = \pm\sqrt{\frac{k}{J}}$$

負の解は意味を持ちませんので、

$$\omega = \sqrt{\frac{k}{J}}$$

以上より、正解は③となる。

【解答】 ③

 ねじり振動、固有角振動数

（令和 3 年度問題 17）

　下図に示すように、滑らかな床上に質量 m の物体があり、角度 α でばねを介して壁に取り付けられている。ばね定数を k とし、物体が微小並進運動するときの固有角振動数として、適切なものはどれか。

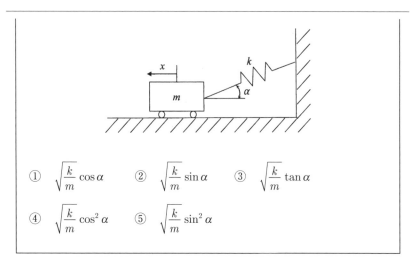

① $\sqrt{\dfrac{k}{m}}\cos\alpha$ ② $\sqrt{\dfrac{k}{m}}\sin\alpha$ ③ $\sqrt{\dfrac{k}{m}}\tan\alpha$

④ $\sqrt{\dfrac{k}{m}}\cos^2\alpha$ ⑤ $\sqrt{\dfrac{k}{m}}\sin^2\alpha$

【ポイントマスター】

　ばねの復元力の水平成分から水平方向のばね定数を求め、固有角振動数の公式に当てはめます。

【解説】

　下図のように物体が左に距離 x 移動したときのばねの伸びを s とすると、s は

$$s = x\cos(\alpha - \Delta\alpha)$$

と表せる。物体の運動は微小振動であるため $\Delta\alpha$ は無視でき、ばねの伸び s は

$$s \cong x\cos\alpha$$

と近似できる。

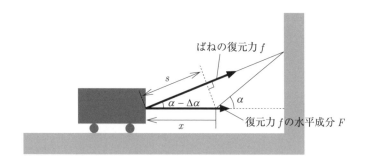

ばねの方向に発生する復元力 f は

$$f = ks = kx \cos \alpha \quad \cdots\cdots (1)$$

以上より、ばねの復元力の水平成分 F は、

$$F = f \cos(\alpha - \Delta\alpha) \cong f \cos\alpha$$

式 (1) より

$$F = kx \cos^2 \alpha$$

このとき、水平方向のばね定数を K として

$$K = k \cos^2 \alpha$$

とみなせば、

$$F = Kx$$

の形に帰属する。

よって、固有角振動数の公式に当てはめれば

$$\omega_n = \sqrt{\frac{K}{m}} = \sqrt{\frac{k \cos^2 \alpha}{m}} = \sqrt{\frac{k}{m}} \cos\alpha$$

以上より、正解は①となる。

【解答】①

 固有角振動数、ばね定数、ばねの復元力

（令和2年度問題17）

　以下の1自由度振動系の中で、固有振動数が最も高くなるものとして、最も適切なものはどれか。ただし、すべてのばねのばね定数は k、質量は m である。

①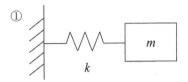

②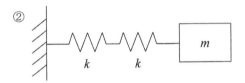

③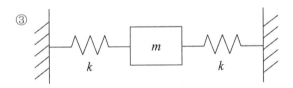

④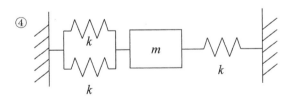

⑤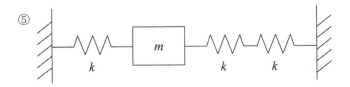

【ポイントマスター】

各接続の合成ばね定数を K とすると、固有振動数は、

$$\omega = \sqrt{\frac{K}{m}}$$

となることから、合成ばね定数 K の大小比較により固有振動数の大小判定を行います。

合成ばね定数も確実に算出できるようにしておきましょう。

・並列ばね　$K = k + k = 2k$　　　　・直列ばね　$\dfrac{1}{K} = \dfrac{1}{k} + \dfrac{1}{k} = \dfrac{2}{k}$

（平成24年度　問題22）と類似の問題です。

【解説】

① 合成ばね定数：$K = k$　　　　固有振動数：$\sqrt{\dfrac{k}{m}}$

② 合成ばね定数：$K = \dfrac{k}{2}$　　　　固有振動数：$\sqrt{\dfrac{k}{2m}}$

③ 合成ばね定数：$K = 2k$　　　　固有振動数：$\sqrt{\dfrac{2k}{m}}$

④ 合成ばね定数：$K = 3k$　　　　固有振動数：$\sqrt{\dfrac{3k}{m}}$

⑤ 合成ばね定数：$K = \dfrac{3k}{2}$　　　　固有振動数：$\sqrt{\dfrac{3k}{2m}}$

以上より、固有振動数が最も高いのは $\sqrt{\dfrac{3k}{m}}$ 。よって、正解は④となる。

【解答】④

補足：両端固定の③④⑤の合成ばね定数について。

両端固定のばね質量系において左右の合成ばね定数をそれぞれ K_L、K_R とすると、質量がばねから受ける力は、

$$F = K_L x + K_R x = (K_L + K_R) x$$

と表すことができ、系全体の合成ばね定数は、

$$K_L + K_R$$

であることがわかる。

キーワード　固有振動数、合成ばね定数

（令和2年度問題18）

　下図に示すように、質量 m、半径 r の一様材質で均一な厚さの円板が、壁とばね定数 k のばねで接続され、床面を滑らずに転がりながら振動している。この振動系の固有角振動数として、最も適切なものはどれか。

① $\sqrt{\dfrac{2k}{3m}}$

② $\sqrt{\dfrac{4k}{3m}}$

③ $\sqrt{\dfrac{2k}{m}}$

④ $\sqrt{\dfrac{k}{m}}$

⑤ $\sqrt{\dfrac{k}{2m}}$

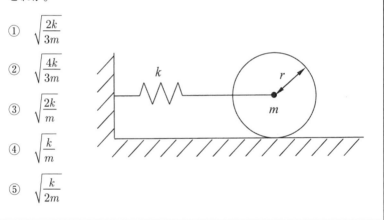

【ポイントマスター】

　この振動系は、質点の並進運動と、床面との摩擦力による円板の回転運動が連成して振動します。そのため、質点の並進運動と円板の回転運動それぞれの運動方程式を立てて解きます。

【解説】

　円板の並進運動の移動量を x、円板の回転角を θ とする。

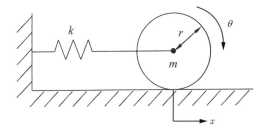

床面と円板の間の摩擦力を f とすると、並進運動の運動方程式は、

$$m\ddot{x} = -kx - f \quad \cdots\cdots (1)$$

円板の回転モーメントを I とすると、円板の回転運動の運動方程式は、

$$I\ddot{\theta} = fr \quad \cdots\cdots (2)$$

円板の慣性モーメントは、

$$I = \frac{1}{2}mr^2 \quad \cdots\cdots (3)$$

である。

円板の並進距離 x、すなわち円板と床面との接点の移動距離は、円板の回転角に相当する円弧の長さ L と一致する。

回転角 θ と円弧の長さ L の間には、

$$\frac{\theta}{2\pi} = \frac{L}{2\pi r}$$

の関係があることから、

$$x = L = r\theta$$

この関係より、

$$\ddot{\theta} = \frac{\ddot{x}}{r} \quad \cdots\cdots (4)$$

となる。

これより、式 (2) に式 (3)、式 (4) を代入して、

$$\frac{1}{2}mr^2 \cdot \frac{\ddot{x}}{r} = fr$$

となり、

$$\frac{1}{2}m\ddot{x} = f \quad \cdots\cdots (5)$$

固有角振動数を ω として、$x = A\sin\omega t$ とおくと、

$$\ddot{x} = -A\omega^2\sin\omega t$$

これより、式 (1) は、

$$-mA\omega^2\sin\omega t = -kA\sin\omega t - f \quad \cdots\cdots (6)$$

式 (5) は、

$$-\frac{1}{2}mA\omega^2 \sin \omega t = f$$

これを式 (6) に代入して整理すると、

$$\omega = \sqrt{\frac{2k}{3m}}$$

が導かれる。

以上より、正解は①となる。

【解答】①

 並進運動の運動方程式、回転運動の運動方程式

（令和2年度問題19）

外力によって生じる振動に関する次の記述の、 ☐ に入る語句
の組合せとして、最も適切なものはどれか。

系が外部から加振されて調和振動するとき、加振力の振幅が一定
でもその振動数により、振動の振幅が変化し、ある振動数で振幅が
ア になる。この現象を イ という。この現象が生じる振動
数を ウ という。 イ では、加振の開始とともに発生した振
動が時間とともに増大し、その振幅は、不減衰系では エ になる。

	ア	イ	ウ	エ
①	極大	共振	固有振動数	有限な値
②	極大	共振	共振振動数	無限大
③	極大	強制振動	共振振動数	無限大
④	零	共振	励振振動数	無限大
⑤	零	強制振動	固有振動数	有限な値

【ポイントマスター】

共振現象の基本的な原理を問う問題です。まぎらわしい語句もありますが、
他の選択肢と合わせて答えを導きましょう。確実に正解したい問題です。

（平成24年度　問題19）と同じ問題です。

【解説】

　　系が外部から加振されて調和振動するとき、加振力の振幅が一定でもその振動数により、振動の振幅が変化し、ある振動数で振幅が 極大 になる。この現象を 共振 という。この現象が生じる振動数を 共振振動数 という。 共振 では、加振の開始とともに発生した振動が時間とともに増大し、その振幅は、不減衰系では 無限大 になる。

以下に解答にある語句について解説する。

・共振、共振振動数：

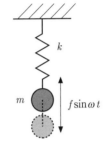

　右図のようなばね定数 k のばねの下端に、質量 m の物体が吊るされており、外部から $f \sin \omega t$ の力で加振される不減衰系を考える。

　この場合の運動方程式は、

$$m\ddot{x} + kx = f \sin \omega t$$

ここで、この系の固有角振動数を ω_n として、 $\omega_n{}^2 = \dfrac{k}{m}$ とおくと、

$$\ddot{x} + \omega_n{}^2 x = \frac{f \sin \omega t}{m}$$

この式の解を、 $x = X \sin \omega t$ とすると、 $\ddot{x} = -\omega^2 X \sin \omega t$ となるので、これらを上式に代入して整理すると、

$$X = \frac{\dfrac{f}{k}}{1 - \left(\dfrac{\omega}{\omega_n}\right)^2}$$

よって、定常解は下式となる。

$$x = \frac{\dfrac{f}{k}}{1 - \left(\dfrac{\omega}{\omega_n}\right)^2} \sin \omega t$$

ここで、静的な負荷 f によって発生する静的変位 $X_{st} = \dfrac{f}{k}$ と強制振動の振幅 X との比を $M = \dfrac{X}{X_{st}}$ とすると、

$$M = \frac{1}{1 - \left(\dfrac{\omega}{\omega_n}\right)^2}$$

このMは振幅倍率と呼ばれ、ωがω_nに近づくとMは無限大に近づいていく。この現象を<u>共振</u>といい、この現象が生じる振動数を<u>共振振動数</u>という。

以上より、正解は②となる。

【解答】②

 調和振動、共振現象、固有振動数、共振振動数

【コラム】

周波数応答線図

周波数応答線図は、系の振動特性を知るうえで非常に重要な事項です。

このコラムでは、減衰のある1自由度振動系の外力による強制振動を例に挙げて、その挙動をイメージとして理解しましょう。

質量mの変位をx、質量mに作用する外力をfとすると、質量mの運動方程式は、

$$m\ddot{x} + c\dot{x} + kx = f \quad \cdots\cdots (1)$$

変位xおよび外力fは、

$$x = A\sin\omega t + B\cos\omega t \quad \cdots\cdots (2)$$

$$f = F\sin\omega t \quad \cdots\cdots (3)$$

$$\dot{x} = \omega A\cos\omega t - \omega B\sin\omega t \quad \cdots\cdots (4)$$

$$\ddot{x} = -\omega^2 A\sin\omega t - \omega^2 B\cos\omega t \quad \cdots\cdots (5)$$

式(1)に式(2)～式(5)を代入して整理すると、

$$\{(k - m\omega^2)A - c\omega B\}\sin\omega t + \{(k - m\omega^2)B + c\omega A\}\cos\omega t = F\sin\omega t$$

両辺の$\sin\omega t$および$\cos\omega t$の係数を比較して、

$$(k - m\omega^2)A - c\omega B = F 、 (k - m\omega^2)B + c\omega A = 0$$

BおよびCに関する連立方程式を解くと、

$$A = \frac{k - m\omega^2}{(k - m\omega^2)^2 + (c\omega)^2}F 、 B = -\frac{c\omega}{(k - m\omega^2)^2 + (c\omega)^2}F$$

この解を式(2)に代入し、三角関数の合成を用いて整理すると、

$$x = \frac{F}{\sqrt{(k - m\omega^2)^2 + (c\omega)^2}} \sin(\omega t + \alpha) = D\sin(\omega t + \alpha)$$

と表現でき、変位 x の振幅は、

$$D = \frac{F}{\sqrt{(k - m\omega^2)^2 + (c\omega)^2}} \quad \cdots\cdots (6)$$

となる。

　固有角振動数 ω_0、角振動数比 Ω、減衰比 ζ、臨界減衰係数 c_c、静たわみ a をそれぞれ、

$$\omega_0 = \sqrt{\frac{k}{m}} \,、\quad \Omega = \frac{\omega}{\omega_0} \,、\quad \zeta = \frac{c}{c_c} = \frac{c}{2\sqrt{mk}} \,、\quad a = \frac{F}{k}$$

と定義して式 (6) を変形すると、

$$D = \frac{\dfrac{F}{k}}{\sqrt{\left(1 - \dfrac{k}{m}\omega^2\right)^2 + \left(\dfrac{2c}{2\sqrt{mk}} \cdot \sqrt{\dfrac{m}{k}}\,\omega\right)^2}} = \frac{a}{\sqrt{(1 - \Omega^2)^2 + (2\zeta\Omega)^2}} \quad \cdots\cdots (7)$$

よって、振幅倍率 X は、

$$X = \frac{D}{a} = \frac{1}{\sqrt{(1 - \Omega^2)^2 + (2\zeta\Omega)^2}} \quad \cdots\cdots (8)$$

となります。

　したがって、周波数応答線図は下記のようになります。

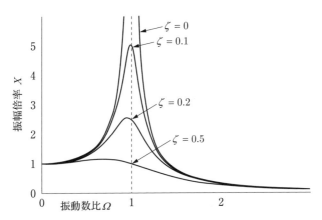

〈周波数応答線図の特徴〉

（ⅰ）$\Omega = 0$（$\omega = 0$）のとき、振幅倍率は $X = 1$ となります。

　　これは、系は振動していない。すなわち静たわみで静止している状態を表します。

（ⅱ）$\Omega = 1$（$\omega = \omega_0$）のとき、振幅倍率は $X = \dfrac{1}{2\zeta}$ となります。

　　このとき、系の振動数は固有振動数と一致し、振幅倍率は極大値を示します。

（ⅲ）$\Omega > 1$（$\omega > \omega_0$）で固有角振動数より十分大きい振動数のときは、振幅倍率は0に収束します。

2. 機械力学キーワード

問題中に取り上げられなかった重要キーワードを示します。
自分で調べ、確認するようにしましょう。

キーワード	メ　モ	確認欄
自由振動		
強制振動		
自励振動		
1 自由度系振動		
2 自由度系振動		
固有振動モード		
動吸振器		
危険速度		
有限要素法		
マルチボディダイナミクス		
実験モード解析		
周波数応答曲線		
ロータダイナミクス		
ダンピング		
モデリング		
制振合金		
免振装置		

第8章

熱 工 学

学習のポイント

　熱工学分野は、熱エネルギーの変化に関する「熱力学」と、熱エネルギーの移動に関する「伝熱工学」、また熱エネルギーを用いた「熱機関」に大きく分けられます。

　技術士第一次試験の熱工学関連の出題傾向は、次のようにまとめられます。

(1)「計算問題」と「基礎事項の確認」のバランスが学習に必要です。文章問題の難易度はあまり高くありませんが、計算問題は演習を十分行い、さまざまなパターンに対応できる力をつけておく必要があります。

(2) 熱力学に関して、状態変化に関する計算問題が多く出題されています。理想気体の状態方程式、各状態変化の関係式について十分な理解が求められます。

(3) 伝熱工学に関して、熱伝導・熱伝達・ふく射についての基礎事項は頻出問題です。また、熱伝達については計算問題も多く出題されています。

(4) 熱機関に関して、各種理論サイクルの原理や特徴を問う場合が多く見られます。

（令和4年度問題23）

温度350 Kの熱源から吸熱し、温度400 Kの熱源へと放熱を行う冷凍機を考える。この冷凍機の成績係数（COP）の最大値として、適切なものはどれか。

① 0.13　　② 0.88　　③ 1.0　　④ 1.1　　⑤ 7.0

【ポイントマスター】

冷凍機の吸熱と放熱から成績係数COPを求める問題です。算出方法を把握しておきましょう。

【解説】

冷凍機の成績係数COPは、以下の式（1）のように表記できる。

$$\text{COP} = \frac{q_2}{W} = \frac{q_2}{q_1 - q_2} \quad \cdots\cdots (1)$$

q_1：温度 T_1 [K] の高温源へ放熱する熱量 [J/kg]
q_2：温度 T_2 [K] の低温源から吸熱する熱量 [J/kg]
W：仕事量 [J/kg]（$= q_1 - q_2$）

COPが最大となる冷凍機は、逆カルノーサイクルを用いた冷凍機である。

逆カルノーサイクルは、断熱膨張→等温膨張→断熱圧縮→等温圧縮の順で状態変化し、以下の式（2）の特性を持つ。

$$\frac{q_2}{q_1} = \frac{T_2}{T_1} \quad \cdots\cdots (2)$$

式（2）を式（1）に代入すると

$$\text{COP} = \frac{q_2}{q_1 - q_2} = \frac{T_2}{T_1 - T_2} \quad \cdots\cdots (3)$$

ここで、式（3）に問題の2つの熱源の温度を代入すると

$$\text{COP} = \frac{T_2}{T_1 - T_2} = \frac{350 \text{ K}}{400 \text{ K} - 350 \text{ K}} = 7.0$$

以上より、正解は⑤となる。

【解答】⑤

 COP、冷凍機、逆カルノーサイクル

188

（令和4年度問題24）

　理想気体の断熱変化では、作動流体の圧力、体積、温度、比熱比を
それぞれ p、V、T、κ とすると、pV^{κ} が一定となる関係が成立する。こ
れより導かれる関係として、適切なものはどれか。

① 　$pT^{\kappa-1}$ が一定

② 　$p^{\kappa-1}T^{\kappa}$ が一定

③ 　$p^{1-\kappa}T^{\kappa}$ が一定

④ 　$p^{\kappa}T^{\kappa-1}$ が一定

⑤ 　$p^{\kappa}T^{1-\kappa}$ が一定

【ポイントマスター】

　ボイルシャルルの法則に関する問題です。自由に変形できるよう、整理して
おきましょう。

　令和元年度の問題28と類似問題です。

【解説】

　題意より、以下の関係が成り立つことがわかっている。

$$pV^{\kappa} = 一定 \quad \cdots\cdots (1)$$

ボイルシャルルの法則より、以下の関係も成り立つ。

$$\frac{pV}{T} = 一定 \quad \cdots\cdots (2)$$

ここで、式 (2) において両辺を逆数にし、かつ、κ 乗しても式 (2) は成り立
つから、

$$\frac{T^{\kappa}}{p^{\kappa}V^{\kappa}} = 一定 \quad \cdots\cdots (3)$$

この式 (3) に式 (1) を掛け合わせると、

$$p^{1-\kappa}T^{\kappa} = 一定$$

以上より、正解は③となる。

【解答】③

 ボイルシャルルの法則

（令和4年度問題25）

　下図は、ガスタービンの基本サイクルであるブレイトンサイクルの $T-S$ 線図である。図中の番号1、2、3、4に対応する温度をそれぞれ T_1、T_2、T_3、T_4 とするとき、このサイクルの理論熱効率として、適切なものはどれか。

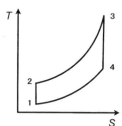

① $\dfrac{(T_4 - T_1) - (T_3 - T_2)}{T_3 - T_2}$

② $\dfrac{(T_3 - T_2) - (T_4 - T_1)}{T_3 - T_2}$

③ $\dfrac{(T_3 - T_4) - (T_2 - T_1)}{T_3 - T_2}$

④ $\dfrac{(T_4 - T_1) - (T_3 - T_2)}{T_4 - T_1}$

⑤ $\dfrac{(T_3 - T_2) - (T_4 - T_1)}{T_4 - T_1}$

【ポイントマスター】

　ブレイトンサイクルの $T-S$ 線図に関する問題です。$T-S$ 線図から熱効率を算出する問題も頻繁に出題されているため、確実に計算できるようにしておきましょう。

　令和元年度の問題24と類似問題です。

【解説】

　各状態点の間で起こっていることは、以下のとおり。

　　　1→2：断熱圧縮

　　　2→3：等圧変化（燃焼で生じたエネルギーを吸収）

　　　3→4：断熱膨張

　　　4→1：等圧変化（熱エネルギーを放出）

　断熱変化時には、エネルギーの出入りがないから、理論熱効率（η）は、

$$\eta = 1 - \frac{\text{熱として放出されたエネルギー}}{\text{燃焼で生じたエネルギー}} = 1 - \frac{4 \to 1 \text{の等圧変化}}{2 \to 3 \text{の等圧変化}}$$

よって、それぞれの仕事 / エネルギーを表現すると、

$\quad$ 4→1の等圧変化：$c_p\,(T_4 - T_1)$

$\quad$ 2→3の等圧変化：$c_p\,(T_3 - T_2)$

となり、

$$\eta = 1 - \frac{c_p(T_4 - T_1)}{c_p(T_3 - T_2)} = \frac{(T_3 - T_2) - (T_4 - T_1)}{(T_3 - T_2)}$$

以上より、正解は②と③※となる。

※ T_2 と T_4 を入れ替えると同解答のため、正解として選択している。

【解答】②、③

 $T-S$線図、ブレイトンサイクル、理論熱効率

（令和4年度問題26）

金属板の片側の表面に樹脂フィルムを貼ることで断熱性能を向上させることを考える。フィルムを貼ったときの定常状態での板厚方向の熱通過率を、貼る前の10％まで低下させるために必要なフィルムの厚さとして、適切なものはどれか。ただし、金属板の厚さと熱伝導率はそれぞれ10 mm、50 W／(m・K)、樹脂フィルムの熱伝導率を0.10 W／(m・K) とし、金属板と樹脂フィルムの界面の熱抵抗は無視できるものとする。

① 0.02 mm　② 0.10 mm　③ 0.18 mm

④ 0.45 mm　⑤ 0.56 mm

【ポイントマスター】

伝熱に関する問題です。熱通過率、熱伝導率について関係性を理解しましょう。

平成30年度の問題26と類似問題です。

【解説】

熱伝導に起因する熱通過率の変化について問われている問題で、金属板、

及び樹脂フィルム表面の熱伝達率を考慮しない場合、熱通過率Kは以下の関係式 (1) で成立する。この式の熱伝導率kとの関係性を用いることで求める。

$$K = \cfrac{1}{\sum \cfrac{L}{k}} \quad \cdots\cdots (1)$$

K：熱通過率 $[\mathrm{W} / (\mathrm{m}^2 \cdot \mathrm{K})]$、$L$：部材の厚さ $[\mathrm{m}]$、
k：部材の熱伝導率 $[\mathrm{W} / (\mathrm{m} \cdot \mathrm{K})]$

本問は、熱通過率を $\dfrac{1}{10}$ に低減する樹脂フィルムの厚さを求める。

式 (1) に金属板、及び樹脂フィルムのk、Lを代入する。

$$K = \cfrac{1}{\cfrac{0.01}{50}} \quad \cdots\cdots (2) \quad （金属板のみ）$$

$$K' = \cfrac{1}{\cfrac{0.01}{50} + \cfrac{x}{0.1}} \quad \cdots\cdots (3) \quad （金属板＋樹脂フィルム）$$

ここで、式 (3) のxは樹脂フィルムの厚さである。

問題文より、K'はKの $\dfrac{1}{10}$ であるから、

$$K' = \frac{1}{10} \times 5000 \ (= K) \ = 500 \ [\mathrm{W} / (\mathrm{m}^2 \cdot \mathrm{K})]$$

これを式 (3) に代入して整理すると、

$$500 \times \left(\frac{0.01}{50} + \frac{x}{0.1} \right) = 1$$

$$5000x = 1 - 0.1 = 0.9$$

$$x = 0.00018 \ [\mathrm{m}]$$

$$x = 0.18 \ [\mathrm{mm}]$$

したがって正解は③となる。

【解答】③

熱通過率、熱伝導率、フーリエの熱伝導の法則

（令和4年度問題27）

次の記述の 　　　 に入る数字の組合せとして、適切なものはどれか。

一様流中に水平に置かれた平板上の強制対流層流熱伝達について考える。平板の平均熱伝達率は、流れ方向の板長さが4倍になると ア 倍に、流速が4倍になると イ 倍になる。

	ア	イ
①	0.5	2
②	0.5	1.4
③	1.4	1.4
④	2	2
⑤	4	2

【ポイントマスター】

平板上の強制対流層流に関する問題です。平均熱伝達率における無次元数の関係式は整理しておきましょう。

【解説】

平板上の層流熱伝達（強制対流、平均）におけるヌセルト数Nuは、以下の式で表される。

$$\mathrm{Nu} \propto \mathrm{Re}^{\frac{1}{2}} \times \mathrm{Pr}^{\frac{1}{3}} \quad \cdots\cdots (1)$$

Re：レイノルズ数、Pr：プラントル数、∝：比例記号

また、ヌセルト数Nuは、以下の式でも表される。

$$\mathrm{Nu} = \frac{hL}{k} \quad \cdots\cdots (2)$$

h：熱伝達率 [W/(m^2・K)]、L：代表長さ・板長さ [m]、
k：熱伝導率 [W/(m・K)]

ここで、レイノルズ数Reおよび、プラントル数Prは以下の式で表される。

$$\mathrm{Re} = \frac{UL}{\dfrac{\mu}{\rho}} \quad \cdots\cdots (3)$$

U：流体の流速〔m/s〕、L：代表長さ〔m〕、μ：流体の粘性係数〔Pa・s〕、
ρ：流体の密度〔kg/m³〕

$$\mathrm{Pr} = \frac{\mu c_p}{k} \quad \cdots\cdots (4)$$

μ：流体の粘性係数〔Pa・s〕、c_p：流体の比熱〔J/（kg・K）〕、
k：流体の熱伝導率〔W/（m・K）〕

式 (2)、式 (3)、式 (4) を式 (1) へ代入する。

$$\frac{hL}{k} \propto \left(\frac{UL}{\dfrac{\mu}{\rho}}\right)^{\frac{1}{2}} \times \left(\frac{\mu c_p}{k}\right)^{\frac{1}{3}} \quad \cdots\cdots (5)$$

本問は、平板の平均熱伝達率hについて求める場合の、代表長さLおよび流速Uについて着目している（ここでは代表長さLは板の長さに相当するのでLについての乗数を求める）。

そのため、乗数で整理すると、

代表長さL：$\dfrac{1}{2} - 1 = -\dfrac{1}{2}$

流速U：$\dfrac{1}{2}$

したがって、代表長さLが4倍になると、（ア）0.5倍

流速Uが4倍になると、（イ）2倍となる。

以上より、正解は①となる。

【解答】①

 ヌセルト数、レイノルズ数、プラントル数、熱伝達率

（令和4年度問題28）
ある理想気体が、温度T_1、圧力P_1から温度T_2、圧力P_2へと変化し

た。このときの理想気体の比エントロピーの変化量として、適切なものはどれか。ただし、理想気体の定積比熱、定圧比熱、気体定数をそれぞれ c_v、c_p、R とする。

① $ds = c_v \ln\left(\dfrac{P_2}{P_1}\right) + R \ln\left(\dfrac{T_2}{T_1}\right)$
② $ds = c_p \ln\left(\dfrac{P_2}{P_1}\right) - R \ln\left(\dfrac{T_2}{T_1}\right)$

③ $ds = c_p \ln\left(\dfrac{T_2}{T_1}\right) - R \ln\left(\dfrac{P_2}{P_1}\right)$
④ $ds = c_p \ln\left(\dfrac{T_2}{T_1}\right) + R \ln\left(\dfrac{P_2}{P_1}\right)$

⑤ $ds = c_v \ln\left(\dfrac{T_2}{T_1}\right) + R \ln\left(\dfrac{P_2}{P_1}\right)$

【ポイントマスター】

理想気体の比エントロピーに関する問題です。過去（平成29年度 問題28）にも類似の問題が出題されています。各過程における変化量は、しっかりと算出できるようにしておきましょう。

【解説】

比エントロピーの変化量 ds は、

$ds = \dfrac{dq}{T}$、 $dq = dh - vdP$ と表されることから、

dq：比熱量変化、T：温度、dh：比エンタルピー変化、

v：理想気体の体積、dP：圧力変化

$ds = \dfrac{1}{T}dh - \dfrac{v}{T}dP$ ……（1）

となる

式（1）と $dh = c_p dT$、$Pv = RT$ から、式（2）が求められる。

$ds = \dfrac{c_p dT}{T} - \dfrac{RdP}{P}$ ……（2）

c_p：定圧比熱、R：気体定数、P：圧力

上記の式（2）を積分（変化：1→2）すると、温度および圧力変化における比エントロピーの変化量 ds は、$c_p \displaystyle\int_1^2 \dfrac{1}{T}dT - R\int_1^2 \dfrac{1}{P}dP$ で求められる。

計算すると、$c_p \ln\left(\dfrac{T_2}{T_1}\right) - R \ln\left(\dfrac{P_2}{P_1}\right)$ となる。

以上より、正解は③となる。

【解答】③

 エントロピー、理想気体、定圧比熱、気体定数

（令和4年度問題29）

　沸騰伝熱に関する次の（ア）～（オ）の記述のうち、不適切な記述の組合せはどれか。

（ア）沸騰現象は過熱度を減少させると、膜沸騰から遷移沸騰を経て核沸騰に至る。

（イ）伝熱面上で発生した気泡は、離脱した後に消滅することがある。

（ウ）膜沸騰の過熱度は、核沸騰の過熱度と比べて小さい。

（エ）突沸現象は、伝熱面から気泡が発生する不均質核生成によるものである。

（オ）沸騰伝熱に対し、重力加速度は影響する。

　① （ア）と（イ）　　② （イ）と（ウ）　　③ （ウ）と（エ）
　④ （エ）と（オ）　　⑤ （ウ）と（オ）

【ポイントマスター】

　沸騰伝熱に関する問題です。過去（令和元年度再試験　問題25）にも類似の問題が出題されています。用語、現象をしっかり学習しておきましょう。

【解説】

（ア）一般的に過熱度の増加につれて、非沸騰領域（自然対流領域）→核沸騰領域→遷移沸騰領域→膜沸騰領域へと移行する。そのため、膜沸騰から過熱度を減少させると、遷移沸騰を経て核沸騰に至る。

（イ）飽和温度（沸点）と液体温度に差がある核沸騰の初期において、発泡核から生じた蒸気泡が流体中を上昇する際に消滅することがある。

（ウ）沸騰特性曲線において過熱度が増加するにつれて、核沸騰領域から遷移沸騰を経て、膜沸騰領域へと移行する。そのため、膜沸騰の過熱度のほうが、核沸騰の過熱度より大きい。

（エ）突沸現象とは、沸点以上に達しても沸騰が起こらず過加熱状態にある液体に、何らかの振動や衝撃を加えると、急に沸騰を開始することである。

（オ）一般的に沸騰は圧力に影響される。"密閉されていない容器で加熱した場合"を想定すると、液体表面にかかる大気圧の影響を受けて、飽和蒸気圧（沸点）が上下するため、重力加速度が影響する。

（本問では条件の記載はありませんが）もし記述内に、"密閉された容器内で加熱した"と条件記載がある場合、容器内圧力が影響するため、重力加速度は影響しないので、注意が必要である。

したがって、不適切な記述の組合せは、（ウ）・（エ）となる。

以上より、正解は③となる。

【解答】③

 沸騰伝熱、核沸騰、遷移沸騰、膜沸騰、過熱度

（令和3年度問題24）

一定の圧力0.20 MPaのもと、質量1.0 kgの飽和水に1600 kJの熱を加えて、湿り水蒸気とした。このとき、湿り水蒸気の乾き度として、最も近い値はどれか。ただし、0.20 MPaにおける飽和水、飽和水蒸気の比エンタルピーをそれぞれ505 kJ/kg、2706 kJ/kgとする。

①　0.93　　②　0.87　　③　0.81　　④　0.73　　⑤　0.50

【ポイントマスター】

湿り水蒸気に関する問題です。乾き度の考え方をしっかり把握しておきましょう。

【解説】

湿り水蒸気1〔kg〕中に、乾き飽和水蒸気x〔kg〕のとき、乾き度をxという。

※このとき、残りの$(1-x)$〔kg〕は飽和水である。

一定の圧力（等圧変化）の過程において、加熱により加えられた熱量は、熱力学第1法則によって、エンタルピー変化に等しい。

問題文より、一定圧力の下、初め、質量1［kg］の飽和水に1600［kJ］を加えたのだから、

※ここで、0.20［MPa］における飽和水の比エンタルピーは505［kJ/kg］である。

505＋1600＝2105［kJ］となり、これが、蒸気の全熱である。

蒸気の全熱が、乾き度xの湿り水蒸気と、その残り$(1-x)$の飽和水になったとすると、

$$2706x + 505(1-x) = 2105$$

これをxについて整理すると、乾き度$x＝0.726 \cdots\cdots ≒ 0.73$

以上より、正解は④となる。

【解答】④

 湿り水蒸気、乾き度、比エンタルピー、飽和水、飽和水蒸気

（令和3年度問題28）

次の記述の ___ に入る語句の組合せとして、最も適切なものはどれか。

温度境界層厚さと速度境界層厚さの比は ア に依存する。

熱伝達率の無次元数は イ であり、強制対流の場合は一般に ア と ウ の関数で表される。

垂直に置かれた加熱板上の自然対流では局所 エ が約10^9以上の値になると乱流に遷移する。

	ア	イ	ウ	エ
①	プラントル数	ヌセルト数	レイノルズ数	レイリー数
②	ヌセルト数	プラントル数	レイリー数	レイノルズ数
③	プラントル数	ペクレ数	レイノルズ数	ヌセルト数
④	プラントル数	ヌセルト数	レイリー数	レイノルズ数
⑤	ヌセルト数	ペクレ数	プラントル数	レイリー数

【ポイントマスター】

熱力学や流体力学では無次元数が極めて重要です。しっかり学習しましょう。本問ではその定義が問われています。

平成29年度の問題24と類似問題です。

【解説】

1. プラントル数：Pr

熱移動に関する現象を取り扱うための無次元数で、温度境界層厚さと速度境界層厚さの比に依存する。

定義式：$\mathrm{Pr} = \dfrac{\mu c_p}{k} = \dfrac{\nu}{\alpha} \propto \left(\dfrac{\delta}{\delta t}\right)^3$

μ：流体の粘性係数 $[\mathrm{Pa \cdot s}]$、c_p：流体の比熱 $[\mathrm{J / (kg \cdot K)}]$、

k：流体の熱伝導率 $[\mathrm{W / (m \cdot K)}]$、$\nu$：流体の動粘性係数 $[\mathrm{m^2/s}]$、

α：熱拡散率 $[\mathrm{m^2/s}]$、δ：速度境界層厚さ $[\mathrm{m}]$、

δt：温度境界層厚さ $[\mathrm{m}]$

2. ヌセルト数：Nu

熱伝達を取り扱うための無次元数で、熱伝達率×代表長さ／熱伝導率で定義される。

定義式：$\mathrm{Nu} = \dfrac{hD}{k}$

h：流体の熱伝達率 $[\mathrm{W / (m^2 \cdot K)}]$、$D$：代表長さ $[\mathrm{m}]$、

k：流体の熱伝導率 $[\mathrm{W / (m \cdot K)}]$

3. レイノルズ数：Re

流れのある流体において、その流れが層流か乱流かを判断する場合などに用いられる無次元数で、流体の代表速度×代表長さ／動粘性係数で定義される。

定義式：$\mathrm{Re} = \dfrac{UD}{\nu}$

U：流体の代表速度 $[\mathrm{m/s}]$、D：代表長さ $[\mathrm{m}]$、

ν：流体の動粘性係数 $[\mathrm{m^2/s}]$

4. レイリー数：Ra

垂直平板上の自然対流において熱伝達を判断する場合などに用いられる無次元数で、プラントル数×グラスホフ数で定義される。

定義式：$\mathrm{Ra} = \mathrm{PrGr}$

Pr：プラントル数、Gr：グラスホフ数（※）

　　※）グラスホフ数：粘性力と浮力の比で表され、自然対流において流
　　　れが層流から乱流に遷移するかどうか判断するための無次元数であ
　　　り、以下の式で表される。

$$\mathrm{Gr} = \frac{gB\Delta T D^3}{\nu^2}$$

　　g：重力加速度 $[\mathrm{m/s^2}]$、B：体膨張係数 $[1/\text{℃}]$、
　　ΔT：代表的な温度差 $[\text{℃}]$（例：壁面表面温度と壁面遠方の流体温度の差、
　　等）、D：代表長さ $[\mathrm{m}]$、ν：流体の動粘性係数 $[\mathrm{m^2/s}]$

5. ペクレ数：Pe

　　強制対流熱伝達に関する無次元数で、流体の代表速度×代表長さ／熱拡
　散率で定義される。

　　　　定義式：$\mathrm{Pe} = \dfrac{UD}{\alpha}$

　　　U：流体の代表速度 $[\mathrm{m/s}]$、D：代表長さ $[\mathrm{m}]$、α：熱拡散率 $[\mathrm{m^2/s}]$

また、強制対流の一般的な式は、以下のようにプラントル数とレイノルズ数
で表せる。

　　$\mathrm{Nu} = C \times \mathrm{Re}^n \times \mathrm{Pr}^m$

ここで、C、n、m は、実験値から導出された定数である。

したがって正解は①となる。

【解答】①

 プラントル数、ヌセルト数、レイノルズ数、レイリー数、ペクレ数

（令和2年度問題24）

　下図のように、断熱された容器が熱を通さない隔壁と開閉できるド
アで2つの部屋に仕切られている。それぞれの部屋の中には温度が
1000 K と 400 K の物体が置かれている。これら2つの物体の熱容量は
十分大きいため、それぞれの温度変化は無視できるものとする。はじ
めは閉まっていたドアをある時刻に開いて、高温物体から低温物体へ
10 kJ の熱が移動したところでドアを閉めた。このとき、容器全体の

エントロピー変化量として、最も近い値はどれか。

① −10 J/K

② −1.0 J/K

③ 5.0 J/K

④ 15 J/K

⑤ 25 J/K

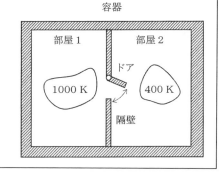

容器

部屋1   部屋2

ドア

1000 K   400 K

隔壁

【ポイントマスター】

熱の移動に関する問題です。熱の移動からエントロピーを算出する問題は過去にも出題されているため、確実に計算できるようにしておきましょう。

【解説】

エントロピーの変化量（ΔS）は、系に出入りした熱量（ΔQ）と温度（T）を使って、以下のように表せる。

$$\Delta S = \frac{\Delta Q}{T}$$

熱は、部屋1から部屋2に移動していく（部屋1が熱を失い、部屋2に熱が増える）ため、容器全体のエントロピー変化量（ΔS_{all}）は、部屋1のエントロピー（ΔS_1）と部屋2のエントロピー（ΔS_2）の和として計算でき、

$$\Delta S_{all} = \Delta S_1 + \Delta S_2 = \frac{-10 \times 10^3 \, [\text{J}]}{1000 \, [\text{K}]} + \frac{10 \times 10^3 \, [\text{J}]}{400 \, [\text{K}]}$$

$$= -10 \, [\text{J/K}] + 25 \, [\text{J/K}] = 15 \, [\text{J/K}]$$

以上より、正解は④となる。

【解答】 ④

熱力学第二法則、エントロピー

（令和2年度問題26）

理想気体に関する次の記述のうち、最も不適切なものはどれか。

① 一般ガス定数は、気体の種類によらず一定である。

② 比熱比は、定圧比熱を定容比熱で割った値である。

③ 3原子分子の比熱比は、2原子分子の比熱比よりも大きい。

④ 温度一定の状態では、圧力と容積の積が一定である。

⑤ 標準状態における理想気体の容積は、気体のモル数が同じであれば等しい。

【ポイントマスター】

理想気体の性質を整理しておきましょう。

【解説】

① 一般ガス定数とは、気体の状態方程式（$PV = nRT$）の "R" のことである。

$$(P：圧力、V：体積、n：気体のモル数、T：温度)$$

1 mol あたりの標準状態の理想気体より算出でき、

$R = 8.315 \text{ J} / (\text{mol} \cdot \text{K})$ と定義されており、気体の種類によらず一定である。

② 比熱比（γ）は、定圧比熱（c_p）と定容（定積）比熱（c_v）を使って、

$$\gamma = \frac{c_p}{c_v}$$

と定義されている。

③ 理想気体に対して、以下のように比熱比が算出されている。

$$単原子：\gamma \fallingdotseq \frac{5}{3}$$

$$2原子分子：\gamma \fallingdotseq \frac{7}{5} = 1.4$$

$$3原子分子：\gamma \fallingdotseq \frac{4}{3} \approx 1.33$$

よって、3原子分子のほうが、2原子分子よりも比熱比が小さい。

④　ボイルシャルルの法則より、

$$\frac{PV}{T} = 一定$$

よって、Tが一定の値であった場合、$PV =$ 一定である。

⑤　気体の状態方程式より、

$$PV = nRT$$

（P：圧力、V：体積、n：気体のモル数、R：一般ガス定数、T：温度）

よって、理想気体の体積は、

$$V = \frac{nRT}{P}$$

と表現でき、標準状態では、圧力、温度、一般ガス定数が定数となるため、気体のモル数が同じであれば、体積も等しくなる。

したがって間違っている記載は、③である。

以上より、正解は③となる。

【解答】③

 理想気体、一般ガス定数、比熱比、気体の状態方程式、ボイルシャルルの法則

（令和2年度問題29）

　室温20℃の大きな部屋で、表面温度427℃、放射率0.7の平板を20℃の空気により強制的に冷却している。平板表面での対流熱伝達率を20 W/（m²・K）とするとき、平板から放熱される熱流束として、最も近い値はどれか。ただし、平板の裏面と側面は断熱されているものとする。また、ステファン・ボルツマン定数は5.67×10^{-8} W/（m²・K⁴）である。

①　1 kW/m²　　②　9 kW/m²　　③　17 kW/m²

④　21 kW/m²　　⑤　30 kW/m²

【ポイントマスター】

　冷却に関する問題です。空気による冷却では、ふく射と空気の対流による放熱により、冷却されます。

【解説】

本問題の場合、平板から放熱される熱流束は、ふく射による放熱（q_1）と空気の対流による放熱（q_2）を足し合わせたものである。よって、それぞれの放熱量を算出する。

1) ふく射による放熱量

ステファン・ボルツマンの法則より、

$$q_1 = \sigma T^4 \times \varepsilon$$

（σ：ステファン・ボルツマン定数、T：平板の温度、ε：放射率）

よって、数値を代入すると、

$$q_1 = 5.67 \times 10^{-8} \, [\text{W} / (\text{m}^2 \cdot \text{K}^4)] \times (427 + 273 \, [\text{K}])^4 \times 0.7$$
$$\approx 9.53 \times 10^3 \, [\text{W} / \text{m}^2]$$

2) 対流による放熱量

$$q_2 = h \Delta T$$

（h：対流熱伝達率、ΔT：平板表面と空気の温度差）

また、平板の側面と背面が断熱されていることから、数値を代入すると、

$$q_2 = 20 \, [\text{W} / (\text{m}^2 \cdot \text{K})] \times (427 - 20) \, [\text{K}] = 8.14 \times 10^3 \, [\text{W} / \text{m}^2]$$

以上より、平板から放熱される熱流束は、

$$q_1 + q_2 = 9.53 \times 10^3 \, [\text{W} / \text{m}^2] + 8.14 \times 10^3 \, [\text{W} / \text{m}^2]$$
$$= 17.67 \times 10^3 \, [\text{W} / \text{m}^2] = 17.67 \, [\text{kW} / \text{m}^2]$$

よって、解答群の中で③に最も近い。

以上より、正解は③となる。

【解答】 ③

 キーワード　冷却、ふく射、対流

（令和元年度問題23）

魔法瓶の中に氷水が入っており、氷2.0 kgがゆっくりと時間をかけて融解した。この間、氷水の温度は0℃であったとして、魔法瓶内部のエントロピー変化に最も近い値はどれか。ただし、氷の融解潜熱を

334 kJ/kg とする。

① 0.8 kJ/K   ② 1.2 kJ/K   ③ 1.6 kJ/K

④ 2.0 kJ/K   ⑤ 2.4 kJ/K

【ポイントマスター】

熱の移動に関する問題です。熱の移動からエントロピーを算出する問題は過去にも出題されているため、確実に計算できるようにしておきましょう。

【解説】

エントロピーの変化量（ΔS）は、系に出入りした熱量（ΔQ）と温度（T）を使って、以下のように表せる。

$$\Delta S = \frac{\Delta Q}{T}$$

よって、氷の融解潜熱（A）と、氷の質量（M）を使って、

$$\Delta S = \frac{AM}{T} = \frac{334\,[\text{kJ/kg}] \times 2.0\,[\text{kg}]}{273\,[\text{K}]} \approx 2.45\,[\text{kJ/K}]$$

よって、解答群の中で⑤に最も近い。

以上より、正解は⑤となる。

【解答】⑤

 熱力学第一法則、融解潜熱

（令和元年度問題27）

大きさが 1 m×1 m×1 m で成績係数（COP：Coefficient of Performance）が2の冷凍庫を考える。この冷凍庫が厚さ5 cm、熱伝導率0.05 W/（m・K）の断熱材で覆われている。冷凍庫の内壁面と断熱材の外表面の温度をそれぞれ−20℃、20℃で一定とするとき、年間の電力使用量に最も近い値はどれか。ただし、冷凍庫からの冷熱の散逸は6面すべてから均一に生じるものとする。

① 2.9 kWh   ② 175 kWh   ③ 526 kWh

④ 1050 kWh   ⑤ 2100 kWh

【ポイントマスター】

COPの定義から電力を求める問題です。算出方法を把握しておきましょう。

令和元年度（再）の問題24と類似問題です。

【解説】

成績係数は、以下のように表記できる。

$$\text{COP} = \frac{Q}{W} \quad \cdots\cdots (1)$$

（Q：冷凍能力（冷凍温度を維持するために奪い続ける熱量）、

W：冷凍庫が使う電力）

本冷凍庫の壁面の内側と外側の温度がわかっているから、壁の熱伝導は、フーリエの法則より、以下のように表せる。

$$Q = -kA\frac{dT}{dt} \quad \cdots\cdots (2)$$

（k：熱伝導率、A：断熱材の表面積、T：壁の温度、t：壁の厚さ）

式 (2) より、断熱材内側の温度（T_i）、断熱材外側の温度（T_o）、壁の厚さを L、として積分すると、

$$Q = -k \times A \times \frac{dT}{dt}$$

$$Q\,dt = -kA\,dT$$

$$Q\int_0^L dt = -kA\int_{T_i}^{T_o} dT$$

$$Q\left[t\right]_0^L = -kA\left[T\right]_{T_i}^{T_o}$$

$$QL = -kA(T_o - T_i)$$

$$Q = \frac{-k}{L}A(T_o - T_i) \quad \cdots\cdots (3)$$

ここで、断熱材の厚みは各面一定で、放熱面は1［m］×1［m］の面が6面あるから、

$$A = 1\,[\text{m}] \times 1\,[\text{m}] \times 6\,[\text{面}] = 6\,[\text{m}^2]$$

また、$T_o - T_i = 40\,[\text{K}]$

であるから、式 (3) に代入して、

$$Q = \frac{-0.05\,[\text{W}/(\text{m}\cdot\text{K})]}{0.05\,[\text{m}]} \times 6\,[\text{m}^3] \times 40\,[\text{K}] = -240\,[\text{W}]$$

よって、冷却1 h で奪い続ける熱量 = − 240［Wh］

ところで、式 (1) を変形して、代入すると、電力を計算でき、

$$W = \frac{Q}{\mathrm{COP}} = \frac{240 \,[\mathrm{Wh}]}{2} = 120 \,[\mathrm{Wh}]$$

今回は年間の電力を算出したいから、

年間の電力量 = 120［Wh］× 24［h］× 365［日］≈ 1,051 × 10³ Wh

よって、解答群の中で④に最も近い。

以上より、正解は④となる。

【解答】④

 COP、熱伝導、フーリエの法則

（令和元年度再試験問題25）

　沸騰伝熱に関する次の（ア）～（オ）の記述のうち、不適切な記述の組合せはどれか。

（ア）沸騰現象は系の過熱度の増加により、核沸騰から遷移沸騰を経て膜沸騰に至る。

（イ）伝熱面上で発生した気泡は、伝熱面から離脱した後、消滅することがある。

（ウ）熱流束制御型の加熱で生じる膜沸騰の蒸気膜内には大きな温度差がある。

（エ）沸騰特性曲線において限界熱流束点を越えて熱流束の値が一旦下がった状態をサブクール沸騰という。

（オ）沸騰伝熱に対し、重力加速度は影響しない。

① （ア）と（イ）

② （イ）と（ウ）

③ （ウ）と（エ）

④ （エ）と（オ）

⑤ （ア）と（オ）

【ポイントマスター】

　沸騰伝熱に関する問題です。用語、現象をしっかり学習しておきましょう。

【解説】

（ア）一般的に過熱度の増加につれて、非沸騰領域（自然対流領域）→核沸騰領域→遷移沸騰領域→膜沸騰領域へと移行する。

（イ）飽和温度（沸点）と液体温度に差がある核沸騰の初期において、発泡核から生じた蒸気泡が流体中を上昇する際に消滅することがある。

（ウ）膜沸騰の蒸気膜において、伝熱面が蒸気に覆われるため、熱伝導および熱伝達は極端に低下するので、蒸気膜内部では大きな温度差を生じる。

（エ）沸騰特性曲線において限界熱流束点を越えて、熱流束の値が一旦下がる状態を遷移沸騰領域という。選択肢中の「サブクール沸騰」とは、伝熱面を離脱した気泡が、周囲の液体によって冷却されて凝縮する現象が生じている領域のことである。

（オ）一般的に沸騰は圧力に影響される。密閉されていない容器で加熱した場合、液体表面にかかる大気圧の影響を受けて、飽和蒸気圧（沸点）が上下するため、重力加速度が影響する。

　したがって、不適切な記述の組合せは、（エ）・（オ）となる。

　以上より、正解は④となる。

【解答】④

 沸騰伝熱、核沸騰、遷移沸騰、膜沸騰、過熱度

【コラム】
工場における熱工学の必要性

　製品製造工場の役割は、製品の品質を確保しながら低コスト、かつ、短時間で製造することである。

　製造工程には部品製作のための切削加工があり、部品材質が金属の場合、マシニングセンタに組み込まれているスピンドルによって切削刃を回転させて切削している。製品の不良率削減のためには、切削加

工後の部品の寸法精度を高く保持する必要がある。

この工程中に工場内の作業場温度が変動すると、金属部品、及びスピンドルが熱膨張によって変形し、切削後の部品寸法のばらつきが生じる。その結果、製品不良率が増加してやり直し業務が発生するため、製造時間、人件費が余分にかかってしまう。そのため、工場内の作業場の温度調整が重要となる。

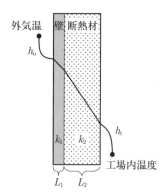

温度調整の手段として、空調機の能力向上、及び増設も考えられるが、工場壁面、天井面の断熱性向上も有効な手段となる。断熱性を向上させるには、以下の式で表される熱通過率がポイントとなる。

$$K = \cfrac{1}{\cfrac{1}{h_o} + \sum \cfrac{L_n}{k_n} + \cfrac{1}{h_i}}$$

K：熱通過率 $[\mathrm{W/(m^2 \cdot K)}]$、
h_o：工場外の熱伝達率 $[\mathrm{W/(m^2 \cdot K)}]$、
h_i：工場内の熱伝達率 $[\mathrm{W/(m^2 \cdot K)}]$、
k_n：壁、天井部材の熱伝導率 $[\mathrm{W/(m \cdot K)}]$、
L_n：壁、天井部材の厚さ $[\mathrm{m}]$
　　　$(n = 1, 2, 3 \cdots\cdots)$

上記の熱通過率の式からもわかるように、壁、天井面に断熱材を追加することで、熱通過率が低下し、断熱性を向上させることができる。

断熱材は、熱伝導率 k が小さく、部材厚さ L が大きいものを目標熱通過率に合わせて選定することで、工場内外間の熱移動を抑制でき、

既存の空調機のみで工場内の温度調整が可能となる。

　このように製造工程において、一見、熱と関係ないように思われる工程でも熱の知識が、十分活用できることを意識して熱工学を学んで欲しい。

　熱エネルギーを用いて力学的エネルギーに変換する装置である「熱機関」は、自動車のガソリンエンジン等、社会生活にとって身近なものである。

　技術士第一次試験の熱工学関連においては、特に各種サイクルの構成や特徴を問われる場合が見られる。代表的な「熱サイクル」の構成を、$p-V$ 線図とともによく把握して、世の中にさまざまな熱機関として応用されていることを意識してほしい。

・カルノーサイクル

　　理論サイクルは断熱過程（膨張・圧縮）と等温過程（加熱・放熱）により構成されており、理論上は、最も熱効率が良く理想的なサイクルである。

　　各状態点において、

　　　　1→2：断熱過程（圧縮）
　　　　2→3：等温過程（加熱）
　　　　3→4：断熱過程（膨張）
　　　　4→1：等温過程（放熱）

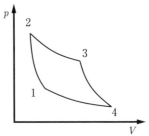

・オットーサイクル

　　理論サイクルは断熱過程（膨張・圧縮）と等積過程（加熱・放熱）により構成されており、ガソリンエンジンの理論モデルである。

各状態点において、

1→2：断熱過程（圧縮）

2→3：等積過程（加熱）

3→4：断熱過程（膨張）

4→1：等積過程（放熱）

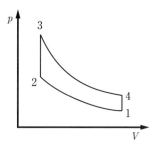

・ディーゼルサイクル

　理論サイクルは断熱過程（膨張・圧縮）、等圧過程（加熱）および等積過程（放熱）により構成されており、文字どおりディーゼルエンジンの理論モデルである。

各状態点において、

1→2：断熱過程（圧縮）

2→3：等圧過程（加熱）

3→4：断熱過程（膨張）

4→1：等積過程（放熱）

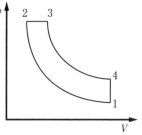

　他にも、ブレイトンサイクル、ランキンサイクルやサバテサイクル等、さまざまな熱サイクルがある。上記の代表例と合わせて、しっかりと学習しておくことで、より理解を深めてほしい。

熱工学キーワード

問題中に取り上げられなかった重要キーワードを示します。
自分で調べ、確認するようにしましょう。

キーワード	確認欄
比熱、融解熱	
$p-V$線図	
ディーゼルサイクル、カルノーサイクル、オットーサイクル	
比エントロピー	
温度伝導率	
ニュートンの冷却則	
等圧変化、等温変化、等積変化、断熱変化	
熱抵抗	
熱放射、放射率、黒体面、ステファン・ボルツマン定数	
実在気体	
潜熱・顕熱	
キルヒホッフの法則	
状態方程式	
蒸気線図	
クラウジウスの不等式	
燃焼方程式	
ライデンフロスト現象	
沸騰曲線	

第9章

流 体 工 学

学習のポイント

　令和元年度以降、流体工学関係の出題数は6〜7問です。出題傾向を見ると、流体工学の基礎的事項を知っていれば解答できるような問題が多く、以下のようにまとめられます。頻出キーワードに関する過去問題やその周辺知識（基礎知識と応用問題）を中心に繰り返し学習してください。

(1) 流体工学上重要なエネルギー式、ベルヌーイの定理、連続の式に関する応用問題が多く出題されています。

　　中でも噴流から受ける力（曲管、衝突平面）、角運動量などの運動量保存則を用いた問題を広く解いておき、基本公式の成立条件を習得して応用できるようにしておきましょう。

(2) 上記外の静力学・動力学の問題（トリチェリの定理、境界層、レイノルズ則、ピトー管、ベンチュリ管など）に関する問題が多く出題されます。

(3) 流体機械（ポンプ、ファン、ジェットエンジン）、マノメータ、シャワーヘッドといった応用問題も出題されています。流体工学の基礎である流速、圧力の計算方法から、層流、乱流、よどみ点、渦の発生周波数、ポンプの揚程など幅広い分野の理解を深めておくことをお勧めします。

　　層流、乱流、境界層、抗力、揚力、よどみ点、ピトー管、渦の発生周波数などについて理解を深めておきましょう。

(4) 流体の流れに関する基礎知識は基礎問題として近年出題が続いています。部門の技術士としてふさわしい最低限の知識として知っておくべき事項ばかりです。

　　定常、非定常流れや粘性、非粘性流体や層流、乱流、流線、流脈線、流跡線や圧縮性流体、非圧縮性流体といった基礎用語については、定義を確実に覚えておきましょう。

(5) 過去に出題の多かった流体機械などで問題になるキャビテーションやサージング、無次元数、パスカルの原理、相似則、ハーゲン・ポアズイユの式、渦（カルマン渦）などの出題復活も考えられます。流体力学の基礎知識も準備しておきましょう。

　下図に示すように、流速 U_∞ の一様流中に2次元物体が固定されている。それを取り囲む矩形の検査体積ABCDを考える。主流方向を x、垂直方向を y とし、原点は境界ABの中点とする。点Aと原点までの距離を h、点Aから点Dまでの距離を L とする。境界AB上における主流方向速度は U_∞ で一定であり、境界CD上における主流方向速度の y 方向の分布が $u(y)$ で与えられるとき、2次元物体に働く奥行き方向単位長さ当たりの抗力を表す式として、適切なものはどれか。ただし、検査体積ABCDの境界は物体から十分に離れているものとし、境界ABCD上では圧力は一様とみなしてよい。また、流体は非圧縮性流体とし、その密度を ρ とする。

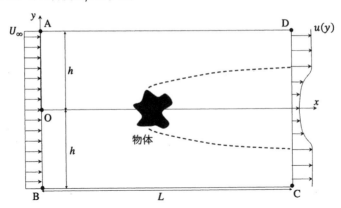

① $\displaystyle \rho \int_{-h}^{h} u(y)\{U_\infty - u(y)\}\,dy$ 　　② $\displaystyle \rho \int_{-h}^{h} \{U_\infty^2 - u^2(y)\}\,dy$

③ $\displaystyle \rho \int_{-h}^{h} U_\infty\{U_\infty - u(y)\}\,dy$ 　　④ $\displaystyle \frac{\rho}{2} \int_{-h}^{h} U_\infty\{U_\infty - u(y)\}\,dy$

⑤ $\displaystyle \rho \int_{-h}^{h} \{U_\infty - u(y)\}\,dy$

【ポイントマスター】

　ある系に外力が働かない限り、その系の運動量の総和は不変であるという運動量保存則に関する問題です。また、物体に働く抗力 F は、単位時間当たりの

運動量変化が物体に働く力積（単位時間当たり）であることを知っておく必要があります。ベルヌーイ式と同様に運動量保存則は流体－物体間の作用に関する基礎的問題として重要です。応用問題として、噴流があります。合わせて解き方を覚えておきましょう。

【解説】

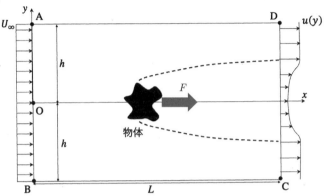

まず、連続の式から AB 面と CD 面での流量 Q の関係は非圧縮性の場合、

$$Q = U_\infty = \int_{-h}^{h} u(y) dy \quad \cdots\cdots (1)$$

となる。

次に入口 AB 面と出口 CD 面の関係を考える。 密度 ρ の流体が流量 Q で流れている。

また AB 面での流速を U_∞、出口での流速 $u(y)$ へ変化するとあるので、入口 AB 面での流体の運動量は $\rho Q U_\infty$、 出口 CD 面での流体の運動量は $\rho Q u(y)$ で表せる。

ρ が同じであれば、境界内の局所的な Qu の差の積分したものが抗力 F だから式 (1) に代入し整理すると、

$$F = \rho \int_{-h}^{h} u(y) \left\{ U_\infty - u(y) \right\} dy$$

となる。

以上より、正解は①となる。

【解答】 ①

 運動量保存則、抗力

流体から受ける力について

　流体から受ける力の問題は、運動量に着目した力学的要素を解く必要があります。また、物体にぶつかって発生する渦（剥離渦）が物体の固有振動数の周波数に近似したときは、共振現象が発生するために、機械力学的要素も解く必要があります。

　なお、技術士第一次試験における流体が物体に与える力の計算が出題された場合、

　①非粘性

　②非圧縮性

　③定常流（時間的な変動がない流れ）

　④重力やその他外力（摩擦など圧力損失）の影響（慣性力）は無視

　⑤平板に衝突する噴流は無限に大きい平板で外力（摩擦など）を無視

といった理想状態でのニュートンの法則（第2、第3）、運動量の法則を使った計算や式の誘導問題となります。

　つまり単位面積内での単位時間あたりの流体の運動量の変化は、単位時間あたりに流入する流体の運動量から単に時間あたりに流出した流体の運動量に加えて、単位面積あたりの流体が静止するために必要な反作用力となります。次のことを理解しておいてください。

　1）運動力と力のつり合い（管路流れ）

　図の管路内の単位面積あたりの流体を想定すると、運動量の流入出の収支（運動量の変化＝0）であるため、単位面積あたりに作用している力は同じと推定できます。

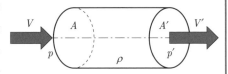

・入口圧力 p / 出口圧力 p'
・入口流速 V / 出口流速 V'
・入口断面積 A / 出口断面積 A'
・流体の密度：ρ

図　管路内の流れ

　よって、

　　単位面積あたりに受ける力＝運動量

になります。

2) 運動量の流入出の収支

図の単位時間あたりに流入面から流入する運動量 F_{in} は、

$$F_{in} = \rho VA \times V = \rho V^2 A$$

流出する運動量 F_{out} は、

$$F_{out} = \rho V'A' \times V' = \rho V'^2 A'$$

よって、運動量の流入出の収支 $F_{in} - F_{out}$ は、

$$F_{in} - F_{out} = \rho(V^2 A - V'^2 A')$$

となります。

なお、連続の式より非圧縮性流体の場合は流量

$Q = AV = A'V' = $ 一定 なので、

$$F_{in} - F_{out} = \rho VA(V - V')$$

となります。

（令和3年度問題30）

　下図に示すように、境界 S に平行な2次元流れを考える。境界 S の下部では速度 v_1、その上部では速度 v_2 でそれぞれ一様であり、境界 S において速度が不連続に変化するものとする。このとき、図中の点線で囲まれた幅 ds、高さ dl の領域 C の循環として、適切なものはどれか。

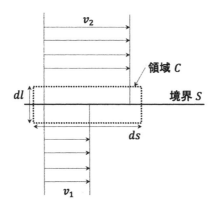

① $v_2 - v_1$　　② $\dfrac{1}{2}(v_1 + v_2)$　　③ $(v_2 - v_1)ds$

④ $(v_2 - v_1)dl$　　⑤ $(v_2 - v_1)dsdl$

【ポイントマスター】

　循環についての問題です。循環とは流体の速度を1つの閉曲線について積算して得られる量で、通常は記号Γで表します。対象とする閉経路で囲われた領域の渦度積算量でもあり、渦運動の強度を表します。

【解説】

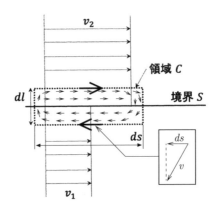

　対象とする領域Cについて、点線の微小線要素ベクトルdsの速度場をvとすると、その積分はvdsとなる。

　これを領域Cの点線に沿って一周回積分した値が循環Γとなるので、

　　$\Gamma = \displaystyle\oint_C vds = (v_2 - v_1)ds$

以上より、正解は③となる。

【解答】③

 循環、周回積分

（平成30年度問題35）

　下図のように、一様流中に置かれた翼まわりの流れを調べるため、レイノルズ数を一致させて実機と同じ流体を用いて模型実験を行った。模型実験における翼後縁付近の点Bの流速がu_2のとき、実機における幾何学的に相似な点Aの流速u_1を示す式として、最も適切なものはどれか。ただし、実機及び模型実験の主流流速をU_1、U_2、流れのレイノルズ数をReとする。

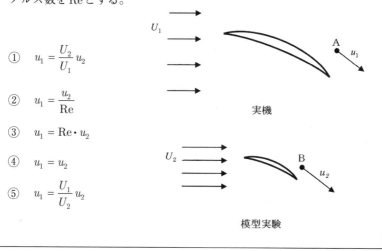

① $u_1 = \dfrac{U_2}{U_1} u_2$

② $u_1 = \dfrac{u_2}{\mathrm{Re}}$

③ $u_1 = \mathrm{Re} \cdot u_2$

④ $u_1 = u_2$

⑤ $u_1 = \dfrac{U_1}{U_2} u_2$

【ポイントマスター】

　模型実験におけるレイノルズの相似則に関する問題です。平成19年度にも同じ問題が出ています。力学的に相似な流れでかつ同じ次元数の条件下では相似則が成り立つことと、レイノルズ数の式を知っていれば、解答できる問題です。

【解説】

　レイノルズ数Reは次の式で表せる。

$$\mathrm{Re} = \frac{UD}{\nu}$$

　　U：代表速度、D：代表寸法、ν：動粘性係数

「幾何学的に相似な点」とあるため、実機Aと模型実験Bのレイノルズ数の関係は、

$$\mathrm{Re_A = Re_B}$$

となり、

$$U_1 \times D_{\mathrm{A}} = U_2 \times D_{\mathrm{B}}$$

よって、実験で調整可能なパラメータである主流流速の関係式を示すと、

$$\frac{U_1}{U_2} = \frac{D_{\mathrm{B}}}{D_{\mathrm{A}}}$$

となる。

つまり、代表寸法が小さくなる模型では、主流流速をあげる必要があることがわかる。

模型実験と実機と流れは相似なので、翼後流の関係は次の $\dfrac{U_1}{U_2}$ の比で示すことができる。

$$\frac{u_1}{u_2} = \frac{U_1}{U_2}$$

$$u_1 = \frac{U_1}{U_2} u_2$$

以上より、正解は⑤となる。

【解答】⑤

 無次元数、相似則

【コラム】

レイノルズ則

レイノルズ則は、流体中の流れの状態を決める無次元数であるレイノルズ数が同じであれば、幾何学的に相似な流れは力学的にも相似になるという法則です。

このレイノルズ数は、流れ場における慣性力と粘性力の関係を示す物体まわりの流れを調べるときに用いる無次元数です。

$$\mathrm{Re} = \frac{慣性力}{粘性力} = \frac{UD}{\nu}$$

U：代表流速（例：管内流では平均流速、境界層では主流など）、

D：直径（例：管の直径、円柱の直径、境界層の厚さなど）、

ν：動粘性係数（$\dfrac{\mu}{\rho}$、応力の拡散係数、μ：粘性係数、ρ：密度）

次に、粘性力と慣性力に着目して流れの状態を大別してみます。

・粘性力がゼロの流れ（完全流体、粘性のないさらさらした流れ）

　　ポテンシャル流といい、慣性力が支配的な流れになります。つまり、慣性力と圧力だけで流体の力関係を決定できます。

・粘性力と慣性力が同程度

　　慣性力、圧力、粘性力の3つの力を考えなければならない。

・慣性力がゼロ（遅い流れ、粘性が強い流れ）

　　ストークス流と呼ばれる粘性力が支配的な流れになります。そのため、圧力のみで流体の力関係を決定できます。

流体の粘性率や密度およびそれらの関係性から導く動粘性率はレイノルズ数に影響を与えます。つまり、力学的に相似な流れである慣性力と粘性力の比が等しくするには、温度や圧力は同じでなければ、模型実験は成立しません。

（令和3年度問題32）

　静止した非圧縮流体中を速さ U で動く直径 d の球に働く抗力 D は、次の式で表される。

$$D = C_D \left(\frac{\pi}{4} d^2 \right) \left(\frac{1}{2} \rho U^2 \right)$$

ただし、ρ、C_D はそれぞれ流体の密度、抗力係数を、π は円周率を表す。同一の流体中で、レイノルズ数を合わせて直径 $d/4$ の球を動かしたときの抗力を D' とするとき、抗力比 D'/D の値として、最も適切なものはどれか。

① 1/256　② 1/16　③ 1/4　④ 1　⑤ 4

【ポイントマスター】

この問題の鍵は同一の流体中であることと、レイノルズ数を合わせることです。設問の内容から解法の特徴を確実に押さえておきましょう。

【解説】

直径 $\dfrac{d}{4}$ の球を動かしたときの速さを U' とすると、レイノルズ数は同一であるため、

$$\mathrm{Re} = \frac{Ud}{\nu} = U' \frac{\dfrac{d}{4}}{\nu} \quad \cdots\cdots (1)$$

式 (1) を整理すると、

$$U' = 4U \quad \cdots\cdots (2)$$

抗力 D について与えられた式の d と U を抗力 D' の直径 $\dfrac{d}{4}$ と速さ U' に変えた式へ式 (2) を代入すると、

$$D' = C_D \left(\frac{\pi}{4} \left(\frac{d}{4} \right)^2 \right) \left(\frac{1}{2} \rho U'^2 \right) = C_D \left(\frac{\pi}{4} \left(\frac{d}{4} \right)^2 \right) \left(\frac{1}{2} \rho (4U)^2 \right)$$
$$= C_D \left(\frac{\pi}{4} d^2 \right) \left(\frac{1}{2} \rho U^2 \right) \qquad\qquad \cdots\cdots (3)$$

式 (3) を与えられた式で除すると、

$$\frac{D'}{D} = \frac{C_D \left(\dfrac{\pi}{4} d^2 \right) \left(\dfrac{1}{2} \rho U^2 \right)}{C_D \left(\dfrac{\pi}{4} d^2 \right) \left(\dfrac{1}{2} \rho U^2 \right)} = 1$$

以上より、正解は④となる。

【解答】④

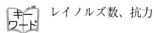 レイノルズ数、抗力

（令和3年度問題34）

　xy 平面上の2次元非圧縮流を考える。速度ベクトル $\vec{u}$ の x 方向成分 u、y 方向成分 v がそれぞれ

$$u = ax + by 、$$

$$v = cx + dy 、$$

と表されるとき、連続の式を満たすための実定数 a、b、c、d の関係を表す式として、適切なものはどれか。

① $a + d = 0$ 　② $a - d = 0$ 　③ $b + c = 0$

④ $b - c = 0$ 　⑤ $a + b + c + d = 0$

【ポイントマスター】

　二次元非圧縮流れの連続の式に関する問題です。過去（平成26年度　問題35、令和元年度（再試験）問題33）にも同じ問題が出題されています。連続の式に関する定義と式を押さえ、確実に解答できるようにしておきましょう。

【解説】

　二次元非圧縮縮流れの連続の式の導出はコラムの解説になる。

$$\frac{\partial u}{\partial x} + \frac{\partial v}{\partial y} = 0 \quad \cdots\cdots (1)$$

ここで、

　u は x 方向の速度成分であるので、設問の $u = ax + by$ より

$$\frac{\partial u}{\partial x} = \frac{\partial(ax + by)}{\partial x} = \frac{\partial ax}{\partial x} + \frac{\partial by}{\partial x} = a \quad \cdots\cdots (2)$$

　v は y 方向の速度成分であるので、設問の $v = cx + dy$ より

$$\frac{\partial v}{\partial y} = \frac{\partial(cx + dy)}{\partial y} = \frac{\partial cx}{\partial y} + \frac{\partial dy}{\partial y} = d \quad \cdots\cdots (3)$$

式 (1) に式 (2)、式 (3) を代入すると $a + d = 0$ が得られる。

以上より、正解は①となる。

【解答】①

 連続の式、定常流れ、運動方程式

【コラム】

二次元定常流れにおける連続の式

　連続の式とは、流管のある断面と別の場所の断面を通過する質量流量は同じでなくてはならないとする質量保存の法則を示した式です。

　図1に示すように、二次元定常流れの中に x、y 座標系を置き、各辺の長さがそれぞれ、dx、dy の微小長方形 a、b、c、d を考えてみます。速度ベクトル U の x 成分を u、y 成分を v とするとし、流体の密度を ρ とおくと、単位時間に各辺へ流入出する質量は以下の式で示されます。

　　辺 ad から流入する質量：$\rho u dy$

　　辺 bc から流出する質量：$\left\{\rho u + \dfrac{\partial(\rho u)}{\partial x}dx\right\}dy$

　　辺 ab から流入する質量：$\rho v dx$

　　辺 cd から流出する質量：$\left\{\rho v + \dfrac{\partial(\rho v)}{\partial y}dy\right\}dx$

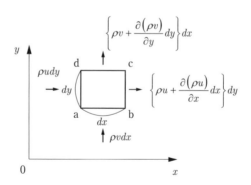

図1　連続の式を表すモデル

質量保存則より、

$$\rho u dy - \left\{\rho u + \frac{\partial(\rho u)}{\partial x}dx\right\}dy + \rho v dx - \left\{\rho v + \frac{\partial(\rho v)}{\partial y}dy\right\}dx$$

$$= -\rho\frac{\partial u}{\partial x}dxdy - \rho\frac{\partial v}{\partial y}dxdy = 0$$

これより次の連続の式が得られます。

$$\frac{\partial u}{\partial x} + \frac{\partial v}{\partial y} = 0$$

（令和3年度問題35）

　水平に設置された円管内に流体が流れており、流れ方向の位置A
からBの区間において、断面積がS_AからS_Bへと緩やかに減少してい
る。2点A、B間の圧力差を水銀柱で測ったところ、水銀柱の高さの
差はHであった。重力加速度をg、流体の密度をρ_F、水銀の密度をρ_M
とし、水銀の密度は流体の密度に対して十分に大きいと仮定してよい。
位置Aにおける円管内断面平均速度として、最も適切なものはどれか。
ただし、粘性の影響は無視してよい。

① $\dfrac{S_B}{\sqrt{S_A^2 - S_B^2}} \sqrt{\dfrac{2\rho_M gH}{\rho_F}}$

② $\dfrac{S_B}{\sqrt{S_A^2 - S_B^2}} \sqrt{\dfrac{\rho_M gH}{\rho_F}}$

③ $\dfrac{S_B}{\sqrt{S_A^2 - S_B^2}} \sqrt{2gH}$

④ $\dfrac{S_B}{\sqrt{S_B^2 - S_A^2}} \sqrt{\dfrac{2\rho_M gH}{\rho_F}}$

⑤ $\dfrac{S_B}{S_A - S_B} \dfrac{2\rho_M gH}{\rho_F}$

【ポイントマスター】

　この問題は、二次元非圧縮性の流れの連続の式に関するものです。連続の式、
ベルヌーイの定理を用いて解答します。過去（平成27年度　問題30）にも同
類の問題が出題されています。

【解説】

円管内を流れる密度 ρ の流体において、連続の式により断面1と断面2における流速 v_A、v_B と流量 Q は以下の式となる。

$$Q = \rho_F S_A v_A = \rho_F S_B v_B$$

$$v_B = \frac{S_A}{S_B} v_A \quad \cdots\cdots (1)$$

また、ベルヌーイの定理により、管が水平に置かれているので、

$$\frac{p_A}{\rho_F g} + \frac{v_A^2}{2g} = \frac{p_B}{\rho_F g} + \frac{v_B^2}{2g} \quad \cdots\cdots (2)$$

A、B間の圧力差により、水銀柱の高さの差は H であるので、

$$p_A - p_B = g\rho_M H \quad \cdots\cdots (3)$$

式 (2) を整理すると、

$$(p_A - p_B) - \frac{\rho_F}{2}(v_B^2 - v_A^2) = 0 \quad \cdots\cdots (4)$$

式 (4) へ式 (3) を代入すると、

$$g\rho_M H - \frac{\rho_F}{2}(v_B^2 - v_A^2) = 0 \quad \cdots\cdots (5)$$

式 (5) へ式 (1) を代入すると、

$$g\rho_M H - \frac{\rho_F}{2}\left(\left(\frac{S_A}{S_B} v_A\right)^2 - v_A^2\right) = 0 \quad \cdots\cdots (6)$$

式 (6) を $v_A =$ で整理すると、

$$v_A = \frac{S_B}{\sqrt{S_A^2 - S_B^2}} \sqrt{\frac{2\rho_M g H}{\rho_F}}$$

以上より、正解は①となる。

【解答】 ①

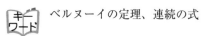 ベルヌーイの定理、連続の式

（令和4年度問題30）

　下図に示すように、静止した水面に対して垂直方向に内径dの細管が浸されている。毛細管現象によって、細管内に水が吸い上げられ、ある高さで静止した。細管内壁に対する水の接触角がθのとき、細管内の水面位置の上昇量hを表す式として、適切なものはどれか。ただし、重力加速度をg、水の密度をρ、水の表面張力σとする。

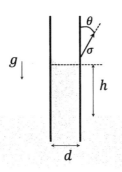

① $\dfrac{4\sigma \sin\theta}{\rho g d}$　　② $\dfrac{4\sigma \cos\theta}{\rho g d}$　　③ $\dfrac{\sigma \cos\theta}{\rho g d}$

④ $\dfrac{\sigma \sin\theta}{\rho g d}$　　⑤ $\dfrac{\sigma \cos\theta}{g d}$

【ポイントマスター】

　毛細管現象に関する問題です。毛細管力の強さ（液面の上昇する高さ）を求める計算式を適用して求めていきます。

【解説】

　図のように水の中へガラス管を入れると、管の円周付近の水面がほんの少し上昇する。このガラス管の円周には表面張力σが発生する。

　したがって、表面張力Fは以下となる。

　　$F = \pi d\sigma$　……（1）

　また、鉛直方向に作用する表面張力の合力は付着力という。

　　$F_y = \pi d\sigma \cdot \cos\theta$　……（2）

なお、ガラスは親水性であり、濡れようとしてガラス管の水面円周にある表面張力により水面は上昇する。

　ここで、表面張力による水の上昇量をつり合いの式から求める。

　水の静止時に鉛直方向に働く力は、水の重量による重力と付着力のみになる。

$$W = \rho g \frac{\pi d^2}{4} h \quad \cdots\cdots (3)$$

　ただ、実際には、管内外の水面には大気圧が作用する。しかし、パスカルの原理から同じ圧力が発生しているので無視する。

　よって、重量と付着力のつり合いの式から表面張力による水の上昇量 h は、式 (2) と式 (3) のつり合いにより、

$$\rho g \frac{\pi d^2}{4} h = \pi d \sigma \cdot \cos\theta$$

$$h = \frac{4\sigma \cos\theta}{\rho g d}$$

となる。

　以上より、正解は②となる。

【解答】②

 毛細管現象、表面張力、付着力、親水性、疎水性、接触角

（令和4年度問題31）

　下図に示す速度勾配とせん断応力の関係を持つ流体 A、B、C、D の名称の組合せとして、適切なものはどれか。

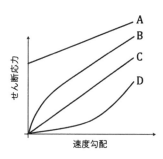

	A	B	C	D
①	ビンガム流体	擬塑性流体	ニュートン流体	ダイラタント流体
②	ビンガム流体	ダイラタント流体	ニュートン流体	擬塑性流体
③	ニュートン流体	擬塑性流体	ビンガム流体	ダイラタント流体
④	擬塑性流体	ビンガム流体	ダイラタント流体	ニュートン流体
⑤	ダイラタント流体	ニュートン流体	擬塑性流体	ビンガム流体

【ポイントマスター】

この問題のグラフは、流体の種類ごとの速度勾配とせん断応力の関係を表しています。各流体の特徴を確実に押さえておきましょう。

【解説】

各流体の特性を以下に示す。

A．ビンガム流体

非ニュートン流体の一種で、一定のせん断応力（ビンガム降伏値）が加わるまで流動しない流体。（練り歯磨き、粘土、生クリームなど）

B．擬塑性流体

非ニュートン流体の一種で、力を加えることにより粘度が下がる流体で、力を加えるまでは高い粘度を示すため、あたかもビンガム流体のように振る舞う。（マヨネーズ、ケチャップなどのチューブに入った身近な食品）

C．ニュートン流体

流れのせん断応力（接線応力）と流れの速度勾配（ずり速度、せん断速度）が比例した粘性の性質を持つ流体。

D．ダイラタント流体

非ニュートン流体の一種であるが、擬塑性流体とは逆に力を加えることにより粘度が上がる（流動抵抗が増大する）流体で、液体中に濃厚濃度の

固体粒子が懸濁した流体である。

以上より、正解は①となる。

【解答】①

（令和4年度問題32）

下図に示すように、水平面に対して角度 θ の傾斜を持つ壁面の上を一定の厚さ H の液膜が流れている。壁面では滑り無し条件、水面では滑り条件が成立し、流れは定常の層流とみなしてよい。このとき、液表面における速度 U を表す式として、適切なものはどれか。ただし、重力加速度を g、液体の密度を ρ、液体の粘性係数を μ とする。

① $\dfrac{\rho g \sin\theta H^2}{2\mu}$

② $\dfrac{\rho g \cos\theta H^2}{2\mu}$

③ $\dfrac{\rho g \sin\theta H^2}{\mu}$

④ $\dfrac{\rho g \cos\theta H^2}{\mu}$

⑤ $\dfrac{g \cos\theta H^2}{\mu}$

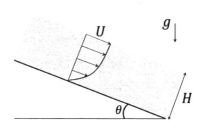

【ポイントマスター】

粘性流体の運動方程式（ナビエ・ストークスの式）に関する問題です。公式の展開ができるように慣れておきましょう。

【解説】

傾斜面に平行な液膜の傾斜方向 x 軸、鉛直方向 y 軸にかかる外力 F_x、F_y は、

$$F_x = \rho g \sin\theta \quad \cdots\cdots (1)$$

$$F_y = \rho g \cos\theta \quad \cdots\cdots (2)$$

また、圧力 P、x 座標の流速を U_x として、2次元座標のナビエ・ストークスの方程式へ平行流の条件として鉛直方向の速度 $V = 0$、体積力 $= 0$ を代入すると、

$$0 = F_x - \frac{\partial P}{\partial x} + \mu \frac{\partial^2 u}{\partial y^2} \quad \cdots\cdots (3)$$

$$0 = -F_y - \frac{\partial P}{\partial y} \quad \cdots\cdots (4)$$

上記式 (1) 式 (2) をそれぞれ式 (3) 式 (4) へ代入すると、

$$0 = \rho g \sin\theta - \frac{\partial P}{\partial x} + \mu \frac{\partial^2 u}{\partial y^2} \quad \cdots\cdots (5)$$

$$0 = -\rho g \cos\theta - \frac{\partial P}{\partial y} \quad \cdots\cdots (6)$$

式 (6) を y 方向で積分すると、

$$0 = -\rho g \cos\theta \cdot y - P + C_1 \quad \cdots\cdots (7)$$

となる（C_1：積分定数）。

設問の条件から $y = H$ のとき、$P = 0$ となることから、式 (7) は

$$C_1 = \rho g H \cos\theta \quad \cdots\cdots (8)$$

よって、式 (7) は、

$$P = \rho g (H - y) \cos\theta \quad \cdots\cdots (9)$$

題意より、$y = H$ から式 (9) は、

$$\frac{\partial P}{\partial x} = 0 \quad \cdots\cdots (10)$$

となる。

式 (10) を式 (5) へ代入すると、

$$0 = \rho g \sin\theta + \mu \frac{\partial^2 u}{\partial y^2} \quad \cdots\cdots (11)$$

式 (11) を y 方向に積分すると、

$$0 = \rho g \sin\theta \cdot y + \mu \frac{\partial U_x}{\partial y} + C_2 \quad \cdots\cdots (12)$$

となる（C_2：積分定数）。

設問の条件から $y = H$ のとき、$\dfrac{\partial U_x}{\partial y} = 0$ となることから、式 (12) は、

$$C_2 = -\rho g H \sin\theta \quad \cdots\cdots (13)$$

となる。式 (12) に代入すると、

$$0 = \rho g \sin\theta \cdot y + \mu \frac{\partial U_x}{\partial y} - \rho g H \sin\theta \quad \cdots\cdots (14)$$

となる。

最後に式 (14) を y 方向に積分して、

$$0 = \frac{1}{2} y^2 (\rho g \sin\theta) + \mu U_x - \rho g H \sin\theta \cdot y$$

題意から、$y = H$ より、$U = U_x$ から、

$$U = \frac{\rho g \sin\theta \cdot H^2}{2\mu}$$

となる。

以上より、正解は①となる。

【解答】 ①

 ナビエ・ストークスの式、粘性流体、粘性項、オイラーの運動方程式

（令和 4 年度問題 33）

xy 平面上の二次元非圧縮性流れにおいて、流速ベクトルの x 方向成分 u、y 方向成分 v がそれぞれ、

$$u = ax + by、\qquad v = cx + dy$$

と表されているとき、渦度がゼロになるための条件として、適切なものはどれか。ただし、a、b、c、d は全て実数の定数とする。

① $a = d$ ② $b + c = 0$ ③ $ad - bc = 0$

④ $a + d = 0$ ⑤ $b = c$

【ポイントマスター】

この問題は、二次元非圧縮性流れでの渦度がゼロになるための条件を求める問題です。渦度を表す式から 0 になる条件を計算して答えを求めましょう。過去問題（令和 2 年度　問題 32）でも類似問題が出題されていますので確実に解答できるようにしておきましょう。

【解説】

xy 平面上の二次元非圧縮性流れでの z 軸まわりの渦度 ωz は、以下の式で表される。

$$\omega z = \frac{\partial v}{\partial x} - \frac{\partial u}{\partial y} \quad \cdots\cdots (1)$$

式 (1) に設問の $u = ax + by$ 及び $v = cx + dy$ を代入し、$\omega z = 0$　の条件より、

$$\omega z = \frac{\partial(cx + dy)}{\partial x} - \frac{\partial(ax + by)}{\partial y}$$

$$\omega z = c - b = 0$$

よって、$b = c$

以上より、正解は⑤となる。

【解答】⑤

 連続の式、渦度

（令和4年度問題34）

　流れのある水の表面にアルミ粉末を一様に撒いて、長時間露光により水の表面を撮影した。アルミ粉末は十分に小さく、流れに追従するものとみなしてよい。この静止画像から得られる流れ場の情報として、適切なものはどれか。

① 流線　　② 流脈線　　③ 流跡線　　④ 速度ポテンシャル
⑤ 渦管

【ポイントマスター】

　流れ場の情報に関する問題です。可視化技術の基本的な問いであり、過去（令和2年度　問題34）にも出題があります。

【解説】

流れの可視化に関するキーワードは①②③⑤で、それぞれ解説する。

① 流線とは、定常流において流体中の各点（瞬間）で流れの方向と一致するように引いた複数の線である。

② 流脈線とは、ある点を通過した流体のすべての粒子がある瞬間（停止写真）に存在する点を結んだ複数の線。

③ 流跡線とは、非定常流における流体粒子の通路である。

⑤ 渦管とは、流れの中にある閉曲線上の各点を通り、結ぶと1つの管ができることである。

　また、④の速度ポテンシャルを持つ流れをポテンシャル流と呼ぶ。速度ポテンシャルはスカラー量（方向を持たない、ただの大きさ）で、流体の運動の様子を知ることができる。

　そこで、「長時間露出」「静止画像」「流れに追従」の題意から、長時間の軌跡を示していることがわかる。

　よって、①⑤は瞬間時の情報であること、②は軌跡情報ではないこと、④は瞬間値情報でかつ大きさだけであることから、③が正しいことがわかる。

　以上より、正解は③となる。

【解答】③

流れの可視化、流線、流脈線、流路線、渦管、流跡線、速度ポテン
シャル、非定常流れ、定常流れ

（令和4年度問題35）

　圧力勾配のない空気の一様流中で、流れに平行に置かれた半無限平
板上に発達する境界層に関する次の記述のうち、不適切なものはどれ
か。

①　境界層の特性を表現するために、粘性作用による流量の欠損を表
す排除厚さや運動量の欠損を表す運動量厚さが用いられる。

②　平板の前縁から発達する層流境界層では、その厚さδが近似的に
$\delta \approx 5.0\sqrt{\upsilon x / U}$ と表される。ただし、xは平板先端からの距離であ
り、空気はxの正方向に流れている。また、流れ方向速度をU、動
粘性係数をυとする。

③　層流境界層は、平板に沿った流れ方向に次第に厚くなり、臨界レ
イノルズ数を超えると、乱流境界層となる。

④　乱流境界層内には壁面の影響が著しい壁領域（内層）があり、
内層はさらに3つの領域から成り、壁面側から粘性底層、緩和層
（バッファー層）、対数層（対数領域）と呼ばれる。

⑤　境界層の厚さは、速度が一様流の90％に達する位置で定義される。

【ポイントマスター】

　半無限平板上の流れに関する層流域、乱流域とレイノルズ数の関係の問いで、
過去（令和元年度　問題35など）にも同類の問題が出題されています。

【解説】

①　境界層厚さδは実際に定めるのは難しいため、代わりに「排除厚さδ」と
「運動量厚さθ」がよく用いられるので正しい。

②　平板の前縁から発達する層流境界層の厚さが近似的に$\delta \approx 5.0\sqrt{\upsilon x / U}$と
表されることを述べていて正しい。

③　層流境界層は平板に沿った流れ方向に次第に発達し、臨界レイノルズ数

を超えると乱流境界層となるので正しい。

④ 乱流境界層内には壁面の影響が著しい壁領域（内層）があり、内層はさらに3つの領域から成り、壁面側から粘性底層、緩和層（バッファー層）、対数層（対数領域）と呼ばれることを述べていて正しい。

⑤ 一般に、速度が一様流の99％になる位置を境界層の縁（外縁）と定義しているので誤りである。

以上より、正解は⑤となる。

【解答】⑤

 排除厚さ、運動量厚さ、緩和層（バッファー層）、対数層（対数領域）、臨界レイノルズ数

（平成26年度問題32）

入口と出口の圧力差が一定に保たれている内径Dの円管内部の流れを考える。流量Qと円管内径D及び流体の粘性係数μの関係に関する次の記述のうち、最も適切なものはどれか。ただし、円管内の流れは非圧縮性であり、また十分に発達しており、定常、かつ層流であるとする。

① Qは、Dの1乗に比例し、μに反比例する。

② Qは、Dの2乗に比例し、μに反比例する。

③ Qは、Dの4乗に比例し、μに反比例する。

④ Qは、Dの2乗に比例し、μの2乗に反比例する。

⑤ Qは、Dの2乗に比例し、μに依存しない。

【ポイントマスター】

定常、層流な円筒内の流れであるハーゲン・ポアズイユ流れに関する問題です。流れの中のせん断応力や圧力のつり合いを適用して解きます。

【解説】

下図のような内半径r_0、長さlの円管内に流速uの層流の中に円筒状の内半径r長さdlの微小流体要素を考えてみる。微小流体要素の上流側の圧力をpとする

と下流側は $p + \dfrac{dp}{dl}$ の圧力が働く。微小流体要素のせん断力 τ は流れと反対方向に作用する。また問題文から流体は一定速度で流れることがわかるため加速度はゼロとなり、つり合いの式 (1) が導き出される。

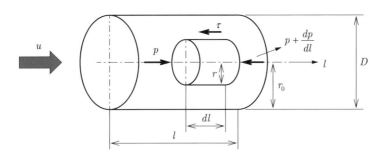

$$p\pi r^2 - \left(p + \frac{dp}{dl}dl \right)\pi r^2 - 2\pi rdl \cdot \tau = 0 \quad \cdots\cdots (1)$$

上式からせん断力 τ を解くと次式となる。

$$\tau = -\frac{dp}{dl}\frac{r}{2} \quad \cdots\cdots (2)$$

ここで層流のせん断力について考えてみる。

微小流体要素配管内に働くせん断応力は中心軸でゼロとなり、半径 r まで直線的に増加する。せん断力は配管の面積 $2\pi rdl$ と速度 u に比例し、半径 r に半比例するため、せん断力を F とすると次式が成立する。

$$F \propto \frac{2\pi rdlu}{r} \quad \cdots\cdots (3)$$

せん断応力 τ は応力の定義から力を面積で割った値である。せん断力の比例定数を μ とすると次式が成立する。

$$\tau = \mu\frac{u}{r} \quad \cdots\cdots (4)$$

式 (4) の比例定数 μ が粘性係数になることがわかる。$\dfrac{u}{r}$ は速度勾配を示しているが、一般に速度分布は直線的ではなく、速度 u は r の関数であることから式 (4) は次のように示される。

$$\tau = -\mu\frac{du}{dr} \quad \cdots\cdots (5)$$

以上から式 (2) と式 (5) の右辺が等しいことは明らかであることから次式が導かれる。

$$\frac{du}{dr} = \frac{r}{2\mu}\left(\frac{dp}{dl} \right) \quad \cdots\cdots (6)$$

$\dfrac{dp}{dl}$ は配管長さに対する圧力勾配を示し、それは p の l に関する微分であることから $\dfrac{dp}{dl}$ を l で積分すると p が求められる。

$$u = \frac{1}{4\mu}\left(\frac{dp}{dl}\right)r^2 + C \quad (C\text{は積分定数}) \quad \cdots\cdots (7)$$

$r = r_0$ のとき $u = 0$ の境界条件から積分定数 C を求めると $C = -\dfrac{1}{4\mu}\left(\dfrac{dp}{dl}\right)r_0^2$ が得られる。

これより式 (7) は次式で示される。

$$u = \frac{r_0^2}{4\mu}\left(-\frac{dp}{dl}\right)\left\{1 - \left(\frac{r}{r_0}\right)^2\right\} \quad \cdots\cdots (8)$$

これより内径 D を流れる流量 Q は式 (8) を断面に沿って積分すると求めることができる。

$$Q = \int_0^{r_0} 2\pi r u\, dr = \frac{\pi r_0^4}{8\mu}\left(-\frac{dp}{dl}\right) \quad \cdots\cdots (9)$$

管内の長さ l における摩擦による圧力降下を Δp とおくと式 (9) の $-\dfrac{dp}{dl}$ は $\dfrac{\Delta p}{l}$ になり、$r_0 = \dfrac{D}{2}$ であるから、これらを式 (9) に代入すると次式が導き出される。

$$Q = \frac{\pi D^4 \Delta p}{128\mu l} \quad \cdots\cdots (10)$$

式 (10) はハーゲン・ポアズイユの式と呼ばれ流量 Q は円管の径の4乗に比例し、粘性係数 μ に反比例することを示している。

したがって正解は③。

【解答】③

補足：

本問題は式 (10) を覚えていればすぐに解答に至ることができる。解説では、より深く理解が深まるようにあえてそれが導かれる過程を記述した。試験で解説に示した過程を通して解答を導き出すのは時間が掛かることから式 (10) は覚えてしまうのがよい。

キー
ワード　ハーゲン・ポアズイユ流れ、せん断力、円管内の流れ、粘性係数、速度分布、せん断応力分布

流体工学キーワード

問題中に取り上げられなかった重要キーワードを示します。
自分で調べ、確認するようにしましょう。

キーワード	メ　モ	確認欄
非ニュートン流体		
表面張力		
毛管現象		
クッタ・ジューコフスキーの定理		
ブルドン管		
レーザドップラ流速計		
ナビエ・ストークスの式		
ストークス近似		
ゼットの力		
CFD		
比速度		
タランベールの原理		
流線の式		
マグナス効果		
レイノルズ応力		
ウェーバ数		
クヌードセン数		
グラスホフ数		
ストローハル数		
フルード数		
マッハ数		
揚程係数		
揚力係数		

第10章

技術士補登録について

学習のポイント

　晴れて技術士第一次試験に合格され、文部科学省により合格証が送付されると〔または技術士法第三十一条の二第2項の規定により、文部科学大臣が指定した大学その他の教育機関における課程（JABEE認定課程）を修了すると〕、技術士補として登録することが可能です。技術士補となるためには、文部科学大臣指定登録機関である公益社団法人日本技術士会に登録の申請を行い、技術士補登録簿に登録を受けなければなりません（技術士法第三十二条第2項）。登録を受けずに「技術士補」の名称を使用することはできません。

　技術士補として登録するためには、第一次試験に合格した後、次の2つの事項が具備されることが必要です（技術士補の新規登録手続きより抜粋）。

　　①技術士を補助する業務を行おうとする者であること。
　　②技術士法第三条に規定されている欠格条項に該当しない者であること。

　登録はいつでも可能ですが、技術士第二次試験を受験する場合、登録して技術士補となった時点から4年を超える業務経験が必要ですので、早めに登録を行いましょう。

1. 技術士補登録の手順

　技術士補の新規登録申請にあたっては、必要な書類を提出する必要があります。

　公益社団法人日本技術士会ホームページの「技術士補の新規登録手続き」と、「技術士補；新規登録手続き案内（PDF)」をよく読んだうえで申請手続きを行ってください。

・技術士補の新規登録手続き

・技術士補；新規登録手続き案内（PDFファイル）

※技術士法施行規則改正（2019年9月14日施行）により「技術士登録申請書（様式第六及び第六の二）」の一部変更及び「身分証明書（禁治産・準禁治産、後見に関する証明)」「登記されていないことの証明書」が不要となりました。

※「技術士登録申請書（様式第六及び第六の二）」につきましては、旧様式では不備となりますので、必ず下記添付資料より最新の様式にて提出してください（詳細は「技術士補の新規登録手続き」を参照ください）。

全員に必須の書類および手続き

① 技術士補登録申請書（様式第六　又は　様式第六の二）
　2種類の申請書があります。次の該当する様式を使用してください。
　　・技術士第一次試験合格者　⇨　様式第六
　　・JABEE認定課程修了者　⇨　様式第六の二

② 補助しようとする技術士の証明書（補登録用書類No.2）
　　【入手先：補助しようとする技術士から証明を得てください】

③ 登録免許税の納付
　15,000円分の収入印紙（郵便局で購入）又は、麹町税務署あての、国税収納を取扱う金融機関からの領収証書を①の所定欄に貼付。（金額は2024年1月現在）

④　手数料の納付

登録手数料6,500円（非課税）の納付を証明するもの。

金融機関の窓口の場合は受領証、ATMの場合は発行された明細票等
（振込者・振込先・金額・振込日の表示があるもの）の原本、インターネッ
トバンキングの場合は、振込の内容（銀行名・振込者（申請者本人）・振
込先・金額・振込日）及び完了が確認できる画面を印刷したもの。

いずれも①の所定欄に貼付。（金額は2024年1月現在）

⑤　登録証発送用宛名ラベル

先述のホームページから様式をダウンロードし、ラベル用紙（シール用
紙）に印刷のうえ、送付先を記入して申請書等とともに提出してください。
ラベル用紙に印刷できない場合は、普通用紙に印刷し、裏面に両面テープ
を貼ったものに送付先を記載したものを提出してください。

会社等に郵送する場合には、会社名/部署名等も記載してください。

本人以外宛に郵送する場合は、ラベルの所定欄に本人氏名を必ず署名し
てください。

該当者のみ

⑥　同意書（補登録用書類No.3）

※申請者と、補助しようとする技術士の勤務する会社が異なる場合に必要
　です。

【入手先：申請者の勤務先から同意を得てください】

⑦　指定された教育課程（JABEE認定課程）を修了したことを証する書類
（JABEE課程修了者）

下記の書類のうち、いずれか1つを提出してください。

・JABEE修了証（認定証）のコピー

・JABEE修了証明書（認定証明書）の原本

・卒業証明書（指定された課程の名称、入学及び卒業年月が明記された
　もの。いずれかの記載がない卒業証明書は認められません。）の原本

【入手先：当該教育機関から入手ください】

詳細は先述の「技術士補の新規登録手続き」を参照してください。また申請書類は、ホームページからダウンロードし、プリントアウトして使用できます。

証明書類の入手に時間がかかる場合がありますので、早めの準備をおすすめします。

2. 補助しようとする技術士を決める

技術士補を登録する場合は、補助しようとする技術士を決め、その氏名および事務所の名称・所在地等を明記しなければなりません。

技術士法によればこの場合の条件は、補助しようとする技術士（指導技術士）は同一技術部門の技術士に限ると規定されています。

補助しようとする技術士を決める際、幸いにして複数の技術部門の多数の技術士を擁する企業・組織に所属する技術士第一次試験合格者は、技術士を選ぶのに不自由はないでしょう。しかし、技術士の少ない企業・組織に所属する人は技術士の選択に苦労することがほとんどでしょう。

公益社団法人日本技術士会では、全ての技術部門、選択科目を異にする技術士を会員として掌握していますので、技術士を必要とする場合には、会員の中から適切な技術士を推薦できる機能をもっています。もし、身近に技術士へのアプローチのルートがない場合は、公益社団法人日本技術士会に相談されることをおすすめします。技術士第一次試験合格者は技術士補の登録をしなくても、公益社団法人日本技術士会の準会員になることができます。公益社団法人日本技術士会では、技術士第一次試験合格者が参加できるセミナーや発表会などが定期的に開催されていますから、これらの行事に積極的に参加して、先輩技術士に相談することも有効です。

技術士補が技術士第二次試験を受験する場合は、受験者は所定の受験申込用紙に補助業務の内容を記入し、指導技術士の証明を受けなければなりません。その申告による補助業務の経験が、技術士としてふさわしい業務であるか否か、また補助業務に従事した期間が通算して4年（総合技術監理部門を受験する場合の要件は7年以上）を超えているか否かについては、補助を受けた技術士の証明によって確認されます。

3. 欠格条項

技術士法第三条によって、以下に該当する者は技術士補となることができません。

- ・心身の故障により技術士又は技術士補の業務を適正に行うことができない者として文部科学省令で定める者
- ・禁錮以上の刑に処し、その執行を終えて2年を経過しない者
- ・公務員で、懲戒免職の処分を受け、受けた日から2年を経過しない者
- ・技術士補でない者が技術士補またはこれに類似する名称を使用して、罰金の刑に処し、その執行を終えて2年を経過しない者
- ・文部科学大臣により技術士補の登録を取り消されて、取り消しの日から2年を経過しない者
- ・弁理士法、測量法、建築士法、土地家屋調査士法により業務の禁止や登録の消除、免許の取り消しを受けた者で、これらの処分を受けた日から2年を経過しない者

詳細については、公益社団法人日本技術士会ホームページの「試験・登録情報」を参考にしてください。

第11章

技術士第一次試験受験体験記

$$\boxed{\text{学習のポイント}}$$

　ここでは、先輩受験者の第一次試験受験体験記を紹介します。

　受験の動機、試験勉強の方法、その後の生かし方は人それぞれ異なりますが、参考にすべき点も多いのではないでしょうか。自分に当てはまる部分は、積極的に活用してください。

　受験勉強は辛く孤独なものですが、自身が合格し、技術士補、そして技術士として活躍する姿を思い描いて、乗り越えていきましょう。

技術士第一次試験受験体験記　その1

平成20年（2008年）度　技術士第一次試験（機械部門）合格
平成21年（2009年）度　技術士第二次試験（機械部門）合格

1）受験の動機

　機械学会からの技術士取得奨励メールを受けとったのがきっかけで、技術士試験というものを調べました。その頃、業務では1つの技術構築を行ったという自分の中での達成感があり、社外での技術力を確認してみたいという思いもありました。まずは技術士第一次試験合格に向けて勉強を開始しました。

　試験問題は大学の授業を真面目に受けていれば、合格できる範囲のものだと思います。しかし、入社して10年たった時点では、忘れていることの方が多く、改めて基礎の復習を行うとても良い機会になったと思います。

2）学習方法とアドバイス

　技術士第一次試験の勉強は何よりもまず過去問を確認することだと思います。問題の内容と現時点での実力を比較して勉強する内容のイメージを掴みます。私の場合は、機械工学に関しては全般的に見直すこととしました。

　非常に役に立ったのは、『技術士第一次試験「機械部門」専門科目　過去問題　解答と解説』とWebラーニング、機械実用便覧です。

　Webラーニングは丁寧すぎるくらい良くできていると思います。多くの単元を習得するために、不要なところはスキップしてこなしていきました。

　そして、今までは辞書のような使い方をしていた機械実用便覧を最初から読破しました（読んでみると案外簡単に読めてしまうことがわかりました）。東京出張の新幹線内は、集中して読むとても良い空間となりました。便覧を一所懸命読むビジネスマンは少し異様だったかもしれません。

　それと同時に、『技術士第一次試験「機械部門」専門科目　過去問題　解答と解説』にある過去問を丁寧に解いていきました。間違えた問題を中心に何度も繰り返しました。しかし、受験する前の年度の過去問だけは、手をつけずに

とっておきました。そして、夏休みに集中できる環境を作って、とっておいた過去問を用いて一人模擬試験を行いました。その結果は自分として満足できるものだったので、そこからは夏休みを満喫することにしました。技術士第一次試験の受験勉強は、自分の実力レベルを認識することが可能です。受験前には合格に自信を持てるようになるまで、過去問をやりこむことをお勧めします。

3）最後に

技術士第一次試験の勉強を振り返ると、機械工学の復習は日常の業務に非常に役に立ちます。

ある日、出社前にWebラーニングで勉強した物理特性が業務で問題となった現象と重なり、関係者の前で式を展開して説明できたということがありました。運命的なものに鳥肌がたった記憶があります。技術士第二次試験を含めて言えることですが、技術士の勉強は合格しなくともそれだけで役に立つものだと思います。しかし、合格後は思いもしなかった新たな世界が切り開けていきます。皆さんが早く仲間になることを心待ちにしています。

技術士第一次試験受験体験記　その2

平成20年（2008年）度　技術士第一次試験（機械部門）合格
平成21年（2009年）度　技術士第二次試験（機械部門）合格

(S. O.)

1）受験の動機

近年、建設業法の改正により監理技術者が民間工事にも必要となりました。業務上での施工管理に必要な監理技術者は機械器具設置業で、登録するには技術士機械部門が必要でした。（業務経験でも登録可能ですが、業務経験を満たすことを証明することが非常に困難でした）

会社内で技術士機械部門を取得している技術者は極少数（それも年配の方しかいない）であり、そのため機械器具設置業の監理技術者登録者もかなり少ない状況でした。また技術士試験合格は難しいから取得は無理という雰囲気もあったので、私が技術士を取得してみれば、社内のそんな雰囲気も変わるのではと思い、業務の傍ら必死で勉強し、取得を目指しました。

2）学習方法

私の学習方法は"過去問題をとにかく解く"ことでした。この一次対策本の過去問題で暗記するものや計算問題も納得するまでやること。特に計算問題などは公式や解を得るまでの過程を理解するまで何回もやりました。

通勤時間や会社の昼休み、就寝前のちょっとした隙間を勉強時間としてあて、有効に使うことを心がけました。そういった勉強の中で理解しにくかった事項は機械工学便覧などで調べ、自分のものにすることを徹底しました。（ネットは間違いがあるので、書籍で再度確認することも重要と思います）

また、技術士試験は倫理問題が重要になってきます。過去問題だけでなく、放送大学の技術者倫理などを録画し、休みに集中して視聴し、重要と感じた部分のメモをとりました。

第一次試験で行った勉強は第二次試験の論文や面接にも通じる部分があると思います。第二次試験の過去問題や口頭試験事例なども第一次試験勉強中に目

を通し、論文・口頭試験に関係ありそうなキーワードも整理しました。(実際第二次試験勉強の論文作成時や口頭試験対策に非常に役に立ちました)

3) 受験時に関して

第一次試験は五肢択一問題でマークシートです。

専門問題等は問題選択ができます。自分の解答に自信のあるものを選んで確実に点数を稼ぎたいところです。

しかし問題を選択できるが上のマークシート間違いも気をつけたいところです。必ず問題番号とマークシートが一致している、マーク数が必要解答数とあっているか(解答数が規定より多いと不合格になります)試験終了までには確実にチェックすることが重要と思います。

受験会場には時計がないところも多々あるようなので、時計は必ず持参し、残り時間を把握しながら試験を進めるのがよいと思います。

問題用紙は持ち帰れるので自己採点に役立てることができます。(解答を導いた過程も記載するとよいと思います)

4) 最後に

平成25年度試験から技術士試験制度が変更になり、第二次試験でも択一問題が復活しました。以前より第一次試験の勉強が第二次試験に直結した感じになったのではないかと思います。

技術士試験は第一次の受験申込から第二次合格・登録まで2年くらいかかります。目標を持ち、モチベーションを保ちながら勉強を続けることが必要と思います。

技術士試験の勉強は決して技術士取得だけのものではなく、今後の業務にあたっても非常に役に立つ部分が多々ありますので、そのような意味も踏まえて勉強を行うとよいと思います。自分でも業務に取り組む姿勢や業務そのものの質が変わったと思っています。

技術士第一次試験受験体験記　その3

平成21年（2009年）度　技術士第一次試験（機械部門）合格
平成25年（2013年）度　技術士第二次試験（機械部門）合格

(H. A.)

1）受験の動機

私は、入社以来機械設計を担当しています。入社当初は、社内で仕事をするために必要な知識を身につけることに一所懸命になっていました。一通りの知識が身についた頃、気持ちに少し余裕ができたからか、『今後も今までと同じように社内の仕事を覚えるだけで、世間に通用する技術者になっていけるのだろうか？』という漠然とした不安を覚えていました。その時に、『"技術士"という企業に勤める技術者にとっての最高資格がある』という学生の頃に聞いた話を思い出し、まずは技術士の第一次試験にチャレンジすることを心に決めました。

2）私の学習方法

私は技術士の第一次試験に備えて、試験の半年前ごろから毎日図書館で勉強しました。その際に、以下3ポイントを意識していました。

1. 過去問に対する反復解答

　　数年分の過去問と試験対策本をチェックしたところ、完全一致ではないものの、似た問題が出ていることがわかりました。そこで、手始めに過去問がすべて自分の力で解けるようになるまで、同じ問題を繰り返し解きました。

2. 各分野で頻出の知識を確認

　　1. の反復解答をしている中で "熱量を求める式" など、単純ではあるものの頻出している公式や知識があることに気づきました。そこで、出題のされ方が変わっても的確に解答できるようになることを狙い、それらの背景知識（例えば公式の導出方法等）まで確認し、解答に活かせるように準備しました。

3. 得意分野の深掘

　技術士の第一次試験を突破するためには、50％の問題で正解する必要が
あります。しかし、2. の勉強だけでは確実に合格することは難しいと考え
ました。そこで、2～3個の分野に絞ってどのような問題でも解けるよう、
大学の時に知っていた教科書を復習しました。復習する分野は、『普段の
業務で使う分野』と『自分の興味がある分野』の2つの視点で選択しました。

3）最後に

　私は技術士第一次試験の勉強を通じて、普段の業務に使う知識を再整理する
ことができ、今まで以上に自信を持って機械設計ができるようになりました。
また、試験のために再整理した知識は、技術士第二次試験にも活かせます。
よって、"技術士第一次試験に合格できれば良い"という気持ちではなく、"今
後のスキルアップに備えて自分自身の知識を再整理する"という気持ちで取組
むと、モチベーションを保ちやすいと思います。また気持ち面では、"今年、
絶対に合格する"という強い気持ちを持ち続けることにより、短期間で集中し
て勉強できるようになると思います。

　普段、業務が忙しい中で試験勉強をするのは苦しいですが、その試練を乗り
越えれば、今まで身近にないと思っていた人とのつながりや、経験が、手中に
収まります。頑張ってください！

技術士第一次試験受験体験記　その4

平成21年（2009年）度　技術士第一次試験（機械部門）合格
平成23年（2011年）度　技術士第二次試験（機械部門）合格
(K. K.)

1) 受験の動機

私は、入社して以来、機械設計に携わっています。

日々の業務をこなすうちに、自分の実力が社会の中でどの程度のものかという漠然とした疑問が湧いてきていました。

このような中で頭をよぎったのが、かつて就職活動中にお会いした技術士の就職担当者でした。お会いした当時は「技術士」の意味がわからないでいましたが、その圧倒的な知識と鋭い質問に驚いたことを覚えていました。そこで「自分の専門職としての実力はどれぐらいなのか」、「世間でどのぐらい通用するものなのか」を客観的に知ると同時に、「自分の実力を向上させる」ことを目的として受験を決意しました。

2) 学習方法

1. 学習時間

いつも帰宅が遅かったため、学習するにあたりまず考えたのが、「どのように勉強時間を確保するか」でした。帰宅後に勉強することは難しいと考え、朝の出社前に勉強することにしました。開始当初の勉強時間は1時間でしたが、徐々に起床時間を早めることで時間を伸ばしていきました。朝の勉強は終わらせる時刻が決まっているため、いかに効率良く勉強するかを考えるようになり、集中力も上がりました。

2. 試験対策

当初は独学で取得することを目指して市販の問題集と、技術士会ホームページで公開されている過去問を入手し取り組みました。しかし、業務で携わっていない分野の問題はほとんど解けず、大学時代の教科書等で調べても全く理解できないという状態でした。このため、ネットで見つけたNet-P.E.Jpの第一次試験受験対策セミナーに参加しました。セミナーに参加する利点として、単に集中して学習する場の確保だけでなく、同じ志

を持つ方々や技術士に会えるため、いろいろな情報交換を通じてモチベーションの維持向上に役に立ちました。

　またNet-P.E.Jp以外にも受験機関で開催される模擬試験を複数回受けることで理解度を測り、弱点を把握して対策を立てていきました。

3. 試験勉強の方針

　技術士会で公開されている出題範囲はかなり広いため、やみくもに勉強しても効率が良くありません。そのため過去問から頻出分野を中心に取り組みました。その中で①自信がある分野、②自信はないが取り組みやすい分野、③取り組めば何とかものになりそうな分野、④手も足も出ない分野、に分けて、②③を中心に勉強し、時々①を復習する。④は①②③の分野である程度の自信がついたところで取り組む、という方針を立てました。基本は4大力学を中心に繰り返し問題集を解き、わからないところは参考書で調べていきました。特に用語や公式など暗記すれば解けるような問題や、解法がパターン化されている問題は「サービス問題」と考えて試験で取りこぼさないようにすることに注力しました。その上で、複数の公式を使わないと解けない問題について、自分で解法のパターンを作っていくことで難易度のある問題にも対応できるようにしていきました。④も当然取り組みますが、「本番で解けたらラッキー」という程度で割り切りました。

3）最後に

　技術士第一次試験の勉強は、単に試験に受かるだけのものではありません。この勉強を通じて普段の業務で何気なく使っていた計算式や、過去からの知見を論理的に考えることができるようになります。そして、何か新しいことに取り組む際の助けになります。その意味では、合格不合格にかかわらず業務に役立てられます。技術士試験全般に言えることですが、試験合格はゴールではなく新たなスタート地点に立つことなのです。第一次試験合格の後には第二次試験が控えています。そして第二次試験に合格し、技術士となったとき、その先には皆さんが想像もしない素晴らしい世界が広がっています。技術士第一次試験を足掛かりに、早く第二次試験を突破して、新世界に足を踏み入れてください。長丁場の試験ですが、最後まであきらめずに挑戦して、ぜひとも合格を掴みとってください。

技術士第一次試験受験体験記　その5

平成15年（2003年）度　技術士第一次試験（機械部門）合格
平成22年（2010年）度　技術士第二次試験（機械部門）合格

(Y. K.)

1）受験の動機

　私が技術士第一次試験を受験したのは、大学院1年生の頃でした。大学院に入学して研究室に配属され、大学生のときよりも専門的な研究を毎日行っていました。

　その当時、自分の専門分野についてかなり知識が身についていると思っていましたが、社会でどのくらい通用するか知りたくなり、この国で最も難しい技術資格の1つである技術士試験（第一次試験）を受験することを決意しました。

2）学習方法

1. 情報収集

　　当初、技術士の資格について名前と難易度くらいしか知らなかったため、最寄りの日本技術士会の支部に足を運び、駐在されていた技術士から「技術士とは、どのような人材か」、お話を伺いました。また、科目内容や時間割等、資格試験の情報については資格対策本やインターネットで収集しました。

2. 学習時間

　　大学院生でしたので授業や実験はありましたが、比較的時間はありました。学習計画を作成し、実験の空き時間や授業のない休日に学習を続けました。

3. 試験勉強方針

　　(1) 過去問題を集め、出題傾向を分析しました。これによって学習する範囲及び、優先順位を付けました。

　　(2) 各分野の出題される単元の学習を優先順位順に進めました。私の専門は、伝熱・熱力学でしたが、自分の専門分野だけでは合格ラインに

到達できないため、出題されている全分野について学習しました。

(3) 出題される単元周辺の単元も学習しました。年によって出題範囲に
バラツキがありますので時間のある限り、範囲を広げて学習しました。

(4) 学習に使用した教材は大学のテキスト（参考書）で、知識習得の確
認のために過去問題を解答しました。これによって基礎から応用まで
漏れなく学習することができました。

3) 資格の効果

　技術士第一次試験合格の段階では、技術士を名乗って仕事をすることはでき
ないため、具体的な効果を示すことが難しいです。しかし、私の場合、大学院
生時代に合格することができたので、就職活動の際、履歴書に【技術士第一次
試験合格】と記載することができました。それにより、面接官から必ず資格に
ついて質問されました。他の学生が、研究やアルバイトのエピソードを話す中、
私は資格取得を通じて自分の技術に対する考え方、社会や会社にどのように
貢献したいか等、自分の技術に対する熱意を資格合格という実績を示しながら
アピールすることができました。

　また、専門分野以外の技術分野の知識も身につけることができたので、就職
後、専門外のさまざまな技術的問題にも対応することができました。

4) 最後に受験者の皆様へ

　技術士第一次試験合格がゴールではありません。業務経験を積み、技術士第
二次試験を合格して技術士となれます。その道のりは、各受験者の立場や環境、
知識や経験量によって険しさが異なるでしょう。しかし、その受験学習の過程
で得られる技術的知識は、自分の中で新しい世界を切り開き、人生を豊かにす
るはずです。長い道のりですが、最後まで諦めずに学習できることを願ってい
ます。

技術士第一次試験受験体験記　その6

平成21年（2009年）度　技術士第一次試験（機械部門）合格
平成24年（2012年）度　技術士第二次試験（機械部門）合格
平成27年（2015年）度　技術士第二次試験（総合技術監理部門）合格
(H. S.)

1）受験の動機

「技術士」の名称を知ったのは技術士第一次試験を受験する1年前。当時は、半導体業界へ異業種転職をして4年目のころ。リーマンショックの影響をまともに受けて「自分の価値」を再認識させられたときでした。

私は大学卒業後、中堅物流機械メーカーで10年間機械設計を中心に、現場管理、生産管理、外注管理、購買、品質管理、トラックの用車段取りまで……多様な業務をしてきたためか、機械設計としてのスキルに不安を持っていました。

1回目に転職したのは50人程度の半導体用計測器メーカーです。ここでは、海外のお客様比率が高く、開発業務も海外・国内メーカーのエンジニアの方と共同で進めることばかりでした。当時、自分のスキルに不安を感じつつもメーカーとの開発業務は、何とか成果を上げることができました。しかし、機械設計というよりも基礎評価や実験計画、プレゼンテーション、現地評価といった研究寄りの実務ばかりであり、「機械設計としてのスキルを向上させたい」という思いがさらに強くなりました。

リーマンショックにより、半導体でも半年程度は影響を受けて業務時間短縮やコストカットなどを経験したことがきっかけで、「技術士第一次試験合格」を目標に奮起して、挑戦しました。

2）学習方法とアドバイス

しかし、製品の機械設計業務からは5年以上離れており、設計業務らしいことがほとんどなかったため、4力学の基本の「キ」から始めなければならない状況でした。唯一、前々職の物流機械メーカーでは、材料力学を多用して梁や

モーメント、座屈といった計算もしていたので、材料力学にはあまり苦手意識がなかったです。しかし、恥ずかしながら流体工学、熱工学は大学時代から苦手（なぜ計測機器メーカーに行ったのか？　今でも不思議）であり、知識もない状態です。機械力学は、大学当時から苦手で予定通り大変苦労しました。そこで、大学レベル＋アルファの知識レベルと技術士第一次試験に必要な知識は何か？　を調査し、検討した結果、下記の方法を考えました。

①自分の強みと弱点を知ること。

　　まず、何が得意で何がだめなのかを知らなければ、計画も立てられません。大枠ではわかっていますが、本当にそうなのか？　確証をつかむために過去問1年分を解いてみました。わかったことは、

　　・適性科目（技術者倫理）は、私の持っている常識ならおおよそ通用する（100点とれるレベルを確信！　引っかけさえ間違わなければいける）。

　　・基礎科目は、用語の確認と頻出計算問題ができれば50点は取れる。

　　・機械部門の専門科目は、材力以外全然解けない。

　です。

②大日程計画の立案

　　そこで、5月から10月までの大日程計画を「専門科目」中心に立案しました。

　　・5月　過去問（基礎＋適性＋専門）5年分を「解答を見て」なじむこと。
　　　　　　勉強の癖をつけるために、すぐに答えを見てなじむことを優先。

　　・6月　過去問（専門）5年分を「解答を見ないで」解いてみること。
　　　　　　実際に解けないのは？　を明確にして、補強のレベルを決めました。

　　・7月　過去問（専門）5年分から不足している知識を「問題を解きながら」ノートへまとめること。
　　　　　　補強内容は1つのノートへまとめます。見開き1ページにカテゴリーごとに分けて例題と一緒に記載しました。

　　・8月　過去問（専門）5年分＋演習問題は解答を見ずに解いて、「解けないところを」重点的に補強する。そろそろ、基礎科目の対策と

して、過去問5年分を3回解いてみる。

　2回目の本気解答。苦手はまだたくさんあるので焦りました。

・9月　いよいよ追い込み。過去問（専門）5年分＋演習問題を解いて
更に不足知識や解法を習得する。たまには、適性も解いてみて、
「高得点」で自信をつけてみる。基礎科目も5年分を1回は解いて
みる。

　Net-P.E.Jp近畿支部セミナー（基礎科目と専門科目の演習）に
参加して、実力をチェック。再度解かなかった分野の基礎チェッ
ク、解法の確認を行う。

　3回目になると意外と解けるもの（当たり前か）。しかし、セミ
ナーで弱点露呈。緊急補強をして、10月を迎える。

・10月　いよいよ受験。最後の過去問総ざらい。解くときは、「ノートを
見ながら」解いていくことで、勘違いや記憶漏れを再度チェック
する。適性は1週間前に過去5年分を解いてみてチェック。いざ
本番へ。

　過去問は計5回程度解いた計算になります。10月は新しいこと
はしません。新しいことで解けないと不安になります。どうせ
焦っても50点でよいのだから……　と割り切ります。

③毎週の進捗度チェック

　大げさなことはしていません。単に、大日程で行うことを1週間単位で
「できている」「できていない」を確認して、「気合を入れなおす」ように
しました。基本、出社前の5時に起床し1時間は確保する約束を自分にし
ました。ただ、この時間では足りないことは大日程でわかっていました。
時間を捻出するのにどの程度いるのか？　を知る必要もあり、毎週の進捗
確認は欠かせないと感じていました。

　さらに当時は、細かな日程計画を立案しても「できない」と思っていま
した。半導体業界では開発依頼が急激に増加し、業務は国内外の出張も
多くなったためです。飛行機や新幹線の移動でできることはやりましたが
……　うまくいかないこともありました。この程度の管理がちょうどよかっ
たと思っています。

3) 技術士第二次試験への挑戦

　実は、技術士第一次試験の受験を決断した当時は、「技術士第二次試験」は受験しないつもりでした。理由は、「自分の実力では無理」と思い込んでいたためです。しかし、毎日の勉強する日々を経て、自分の変化を感じ取れました。技術士第一次試験突破後、技術士補でとどまっても自分の達成したい思いとのギャップを試験勉強中に感じてきました。それは、「技術士」になれば技術力がある客観的な「証し」としてこれから技術者として第一線で活躍できる！と感じたのです。さらに、9月のNet−P.E.Jp近畿支部セミナーで多くの方から、第一次試験受験後の目標設定や技術士の名称取得後のことを聞くと「技術士しかない」とまで思えるようになりました。結果、12月の合格発表を待たずに、技術士第一次試験の解答が開示され自己採点で「合格」とわかったときには、勢いで「次は技術士第二次試験」を想定しました。6か月してきたことをここで止めると、自分は「継続した勉強」はできないと思い、すぐに情報収集と検討をしました。

　結果が出るまでには3年を要しましたが、技術士の名称取得後は2度目の転職と今までに経験できないことまでさせていただきました。皆さんが、この本を手に取っていただいた時には、私と同じように「技術士は無理」とりあえず、「技術士補かな？」と思っている方にも、「技術士になる」と感じていただければ幸いと、長々と想いを書いていました。

　技術士試験は、あきらめなければ誰でも合格できる試験です。それは私が実証済みです。まずは、本書で第一次試験を攻略して、第二次試験にチャレンジして、安全で安心な社会を一緒に作りましょう。

技術士第一次試験受験体験記　その7

平成23年（2011年）度　技術士第一次試験（機械部門）合格
平成28年（2016年）度　技術士第二次試験（機械部門）合格

(Y. U.)

1) 受験の動機

私は大学生の頃には技術士の名前は知っており、「技術資格の最高峰」と言われることに興味は持っておりましたが、「いつか取れたらいいな～。」とぼんやり考える程度でした。

転機となったのは入社4年目で部署移動になった時です。入社3年目までは機械製品の研究開発・設計業務に携わり、未熟ながらも技術者として経験を積める実感がありました。ところが4年目からは、研究開発・設計からは少し離れた商品企画の業務に携わることとなり、技術者としての経験や成長が止まってしまう危機感を感じました。そこで、何か成長につながり、実力を証明できるものがないかと考えた結果、技術士の受験を決意しました。

2) 学習方法とアドバイス

①対策全体の方針

まず過去問と解説を流し読みする程度で、各科目で自分が苦手そうな問題がどの程度あるかを確認しました。

学習においては、繰り返し学習の回数を多く確保することで理解・記憶の定着を狙い、10月の試験本番までに出題範囲を3周したいと考えました。

・1周目（4～5月）：出題範囲の確認と解説の理解。

　解説が理解できない問題は記録してパス。

・2週目（7～8月）：1周目でパスした問題に再度トライ。

・3周目（9～10月）：過去問やノートの最終確認。

　科目ごとの学習時間配分は、1～3周目のそれぞれの中で設定し、配分の少ない科目でも「ご無沙汰」状態を作らないよう、各周で必ず1回は取り組むようにしました。

日数と問題数の割り算によるペース配分は考えていましたが、あまり計画に時間をかけすぎないようにしました。

②各科目の対策
- 基礎科目：専門科目に比べると対策に使える時間は限られますが、Ⅰ−2、Ⅰ−4、Ⅰ−5などは馴染みのない問題も多く、過去問題から対策範囲を絞り込みました。また、合格基準は全体50％であることも加味して優先順位を付けました。
- 適性科目：常識の範囲で解ける問題が多く、学習はほとんどいらないと考えました。
- 専門科目：もともと材料力学および機械力学は得意でしたが、熱工学や流体工学は苦手でした。熱工学や流体工学は出題数も多いので、学習時間は多めに確保しました。幸い大学卒業からの経過年数が浅かったこともあって奇跡的に授業のテキストや資料が残っていたものもあり、これも活用しました。

③3周目の最終確認
　試験直前から当日にかけて緊張感が高まる中、「できることをやる。できないことはやらなくてよい。」という割り切りに至りました。私の「できること」の拠り所が欲しかったので、専門科目の材料力学、機械力学、熱工学、流体工学については、A4各1枚、ひと目でカバーすべき範囲が一望できるシートを作りました。取捨選択しながら何回か書き直して、最終的には小さい字で詰め込んだシートになりましたが、紙1枚で一望できる安心感は大きかったです。

3) 受験　〜想定外の出題傾向に苦戦〜

　試験当日、適性科目の問題を開けてみると、どうも今までの出題傾向とは異なり、解答に自信が持てない問題が多数……。過去問を見る限りは常識的感覚で解けるはずだったのに、当日の問題では法規関係の知識を問う問題が多く、選択肢2つまでは絞り込んでも最後の1つに絞り込めず1／2の確率にかけざる

を得ない問題が多くありました。

　後日、日本技術士会ホームページの正答発表から自己採点した結果、基礎科目と専門科目は合格点に達していましたが、適性科目が合格点まで1問足りない……！　まさか、適性科目で不合格になるなんて思いもしませんでした。

　さらに後日、適性科目の中の1問が出題不備のため選択肢2つが正解として扱われる発表があり、運良くその措置に救われギリギリ合格点に達しました。結果として第一次試験には一発合格できたわけですが、技術士としての適性（倫理問題など）を甘く見ていた結果だったのだと思います。

4）受験される皆様へ

　仕事や家庭で忙しい中での試験準備は、時間の確保もままならず、思い通りには進まないものだと思います。当然、焦りやストレスも感じると思います。そんなときは「自分にできること」に目を向け、それを確実に実行することを、おススメします。「できることを、1つずつ。」という気持ちに切り替えることで、目の前の試験準備に落ち着いて取り組むことができるかもしれません。

　第一次試験を乗り越えた経験は、次の新たな挑戦への足掛かりになります。ぜひ、この資格試験の本丸である技術士第二次試験に挑戦してくださいね。

技術士第一次試験受験体験記　その8

平成28年（2016年）度　技術士第一次試験（機械部門）　合格

平成29年（2017年）度　技術士第二次試験（機械部門）　合格

(K. M.)

1）受験の動機

　学生時代に機械設計を専門としていたこともあり、当初の勤め先で機械設計を行っていたのですが、その後の社内異動で数年間ほど機械設計から遠ざかっていました。あるとき再び機構系の業務を行うことになったのをきっかけに、機械分野を体系的に理解しなおしたいと思いました。そこで資格試験の受験が適当かと考え、まず、機械設計技術者試験に取り組むことを決意。そのおかげで基礎的なスキルが身につき、業務でもそのスキルを発揮できるようになりました。その経験から、やはり自己研鑽は欠かせないと感じ、いつかは技術士（機械部門）を取得したいと思うようになりました。所属していたチームで新規商品の開発を担当することとなり、機械設計を行う必要が出てきました。チーム全体にも機械工学のスキルアップが必要と考え、メンバーにも資格の取得を勧めていたところ、メンバー全員が技術士第一次試験に挑戦することを決めたとのこと！　もちろん、言い出した私も受験しないわけにはいきません。私も受験を決めました。

2）学習方法とアドバイス

　私は、書店で気に入った過去問題の問題集と参考書を1冊ずつ購入し、繰り返し解いていくことにしました。技術士第一次試験は、多くの問題が過去問題と類似しており、同一の問題も出題されることがあるため、本書のような過去問題の学習がおすすめです。

　第一次試験の専門科目は、35問出題され、25問選択し、15問正解できれば合格します。つまり、35問中15問なので、43%正解すればよいのです。材料力学、機械力学・制御、熱工学、流体工学のうち、ひとつくらいは苦手分野があっても合格可能だろうと思いました。しかし、第一次試験は、ゆくゆくは技術士になる第一ステップです。また、技術士試験の本番ともいえる第二次試験

の前に、機械部門の知識を体系的に習得するチャンスでもあります。苦手な問題も含めて全科目に取り組むこととしました。機械工学全般を学習することで、受験後に、学んだスキルを業務にも広く活用できるようになりました。

　技術士第二次試験へのアドバイスでも同様なのですが、第一次試験に向けて、決して合格ラインぎりぎりで満足せず、高得点を取れるスキルを身につけるまで、試験準備に励みましょう。万全の状態で試験に臨めるとは限りません。病気や事故などでの体調不良や、出張や行事による睡眠不足や集中力の低下など、実力を発揮できない環境下で受験することも多いからです。

　読者の皆様が今年必ず合格するため、どんな問題でも解けるように余裕をもった準備をしていただきたいと思います。

3）受験者の皆様へ

　第一次試験には絶対にやってはならないミスがあります。それは、頑張りすぎて26問以上解答してしまうことです。（笑）

　第一次試験の専門科目は、35問出題され、25問選択し、解答用紙に正解をマークするのですが、その解答用紙には35問全てのマーク欄があります。そしてここに厳しいルールがあります。ついうっかり26問解答してしまう可能性がありますが、そうなると「減点」ではなく「失格」です。確実に25問を解答しなければなりません。

（下記、令和2年度技術士第一次試験受験票から引用）

　■採点に際しての取り扱い

　　次の場合は、「失格」とし、全ての答案を採点の対象から除外します。

　　⑥指定された問題数を超えて解答した答案を提出した場合

　実は私は、26問解答してしまい、試験中最後の見直しで26問解答していたことに気づき、修正できました。気づいていなかったら失格ですので、ひやひやしました。もし26問解答してしまい修正が必要になった場合、どの解答を削除するのか判断する時間も必要です。10分以上は余裕をもって25問を解答し終え、必ず見直し作業を行うようにしてください。

技術士第一次試験受験体験記　その9

令和元年（2019年）度　技術士第一次試験（機械部門）　合格

令和4年（2022年）度　技術士第二次試験（機械部門）　合格

(M. K.)

1）受験の動機

「技術士」の資格を知ったのは会社に入社してすぐの頃でした。どうやら「技術士」というものすごく難しい資格があるらしい。私の会社は建設業法の関係で、現地工事を行うために技術士の資格を持った監理技術者が必要と教えられた。そのときはまだ「へーそんなすごい資格があるんだ」くらいに思っていた。しかしその数年後、私が30歳になった頃から急に身近な先輩達が技術士の資格を取りだしたのです。このときかなり刺激を受けたのですが、技術士になっている先輩達を見てすごく能力のある人たちばかりだったので、このときも私には無理だと思い、受けようとしませんでした。その代わりというのもおかしいですが30代の頃は他に勉強したいことも多くあり、機械だけでなく電気や簿記や放射線、第二外国語など幅広く資格を取得しました。かなり多くの資格を取得したのですが、技術士だけは受からないと思いずっと避けてきました。しかし40代になった頃から、このまま逃げていることに少し寂しさのようなものを感じ始め、「これを取ればどんな景色が見えるのだろう」とか、「技術士という超ブランドを手に入れてみたいな」とか、「お客様から絶大な信頼を得たいな」という思いが日に日に強くなっていきました。そうしてこのまま逃げていても仕方ない、今やらなければ後で絶対後悔すると思い、43歳の春、ついに奮起し挑戦することにしました。

2）学習方法とアドバイス

早速4月に技術士とはどういうものかについて書かれた本を1冊買って読み始めました。この本を読むだけで4月は終わってしまい、その後すぐに5月から勉強を始めるべきだったのですが何もしないまま気がつけば7月の終わりになっていました。一体何をやっていたのだろうと思いましたがもう過ぎた時間

は取り返せない。10月13日が試験本番だったのでもう2カ月半しか残っていませんでした。あわてて本書の問題を少し解いてみました。そこでさらに事の重大さに気付かされました。わからない問題ばかりで全く歯が立たなかったのです。そこで、時間がないので成り行きで勉強しては絶対にダメだと思い下記の方法で勉強を始めることにしました。

① 勉強する環境と時間を決める

　まずは毎日勉強する環境と時間を作ることです。私は学生の頃から自習室が好きだったため、休日は図書館に通って勉強することにしました。図書館で11時から20時まで勉強したり、ときには有料の自習室で22時まで勉強しました。また平日は会社で始業前の7時半から8時半までの1時間と昼休みに30分必ず勉強するようにしました。このとき自分の席で勉強しているといろいろ外乱があるため、来客ロビーのテーブルに行って勉強していました。さらに通勤の電車の中でも勉強していました。このように毎日勉強する環境と時間を決めることが大事です。特に休日だけでなく毎日続けて勉強することが大事だと思います。

② 目標決めと概略日程の立案

　何をやるにも日程が大事です。というのはわかっていたのですが、私の場合試験まで2カ月半しかなかったので、過去問を分析して細かい日程を書く時間ももったいないと思い、目標を立ててそれに対してザクっとした大きな日程だけ決めました。まず目標ですが、今まで色んな資格試験を受けてきて、買った本を3周すれば受かるという思いがあったので、目標は本書を3周と基礎・適性科目の「過去問7年分＋予想問題」が掲載された本を3周することを目標にしました。

　これに対して立てた日程が以下の通りです。

　・専門科目：お盆休みまでに1周目、8月中に2周目、9月中に3周目

　・基礎・適性：8月中に1周目、9月中に2周目、10月試験までに3周目

　こんな感じでかなりザクっと決めました。

　専門科目は時間がかかる問題が多かったので時間のある休日にすること

にして、基礎・適性科目は平日にすることにしました。また、お盆休みは専門科目をやり遂げなければならなかったので、1日だけ家族と遊びに行ってそれ以外はずっと勉強することにしました。これだけのことをやるには家族に試験について説明し、理解してもらうことがとても大事です。

　実際このスケジュールに基づき勉強を始めましたが、専門科目は大学で勉強した教科書を引っ張り出して勉強しましたが、熱工学は会社に入ってからほとんど触れておらず、思い出すのに苦労しました。基礎科目においては化学や生物の問題があり、高校以来全く勉強してなかったので面食らってしまいました。1周目は調べることに時間ばかり過ぎてなかなか進まず焦ってばかりいましたが、しっかり理解して身につけないと何周やっても意味がないと思い、1つひとつ確実に理解しながら勉強しました。正直このときが一番しんどくて「もうダメだ」と何度もあきらめかけました。しかし「絶対に受かってやる」という強い気持ちで勉強を続けることで何とか目標通りお盆休みに専門科目の1周目を終わらすことができました。2周目からは少しずつ調べることも少なくなってきて、1周目より少し早く終わらせるようになりました。9月の終わりになると無事専門科目3周目、基礎・適性科目も2周目まで終わり、そろそろ時間を計測して試験と同じ時間で解いてみなければと思い、1日かけて予想問題を解いてみました。時間内にそれなりに解けたのでようやく「いけるかな」と思い始め、そして10月にはいよいよ追い込みです。専門科目は4周目、基礎・適性科目は3周目を開始。3周目といっても過去問7年分の3周目なのでほとんどの問題がすぐに解けるようになっていました。試験の前日には専門科目をもう一度1周し、ほとんど答えを覚えてしまっている状態にまでなっていました。結果、目標3周に対して専門科目は5周もすることができました。このように目標を立てて、概略でもよいので日程を決め、それを意地でも守るという強い信念で取り組むことが大事です。

③　達成度のチェック

　私は解いた問題は問題番号の横に、解いた日付と正解すれば○、間違っていたら×を付けるようにしていました。そうすることで自分がいつも間

269

違えるところがどこなのか弱点がわかるようになり、補強しながら勉強することができました。また、3周目くらいからチェックがたくさん入ってくると、「これだけやったのだ」というちょっとした達成感が得られるので、モチベーションの向上にもなりました。

3）技術士第二次試験への挑戦

　技術士第一次試験が終わるとすぐに技術士第二次試験を受けるための情報収集と検討を始めました。もともと技術士になりたいと思って始めた勉強なので、第二次試験をすぐに受けるかどうかという迷いは一切ありませんでした。それから合格を掴み取るまでに3年を要しましたが、技術士になって見た景色は素晴らしいものでした。技術士になるにあたって得た知識と論理思考能力は私にとってかけがえのないものになっています。初めてお会いするお客様から「○○さんの話をずっと聞いていたい」と言われたときには感極まるものがありました。これからも、もっともっと研鑽し、社会に貢献していきたいと思っています。

　ずっと私には無理だと思っていた試験ですが、あきらめずに頑張って本当によかったと思います。是非みなさんも、あきらめずに強い信念を持って取り組み、合格を掴み取って一緒に素晴らしい景色を眺めましょう。

技術士第一次試験受験体験記　その10

平成22年（2010年）度　技術士第一次試験（機械部門）　合格

令和4年（2022年）度　技術士第二次試験（機械部門）　合格

（しぶちょー）

　私が技術士第二次試験に合格したのは2023年ですが、第一次試験を受験したのは2010年で13年の期間の開きがあります。

　第一次試験の受験当時は暇を持て余した大学2年生であり、特にこれといって特別な勉強することなく、第一次試験には合格できました。大学の授業で習っている範囲と技術士第一次試験の範囲が一致しており、日々の勉学がそのまま、技術士第一次試験の勉強になっていたからです。当時、私は「社会人になってから受験すると忘れてしまうだろう」と考え、学生の内に第一次試験を受けようと決めました。今振り返ると、手前味噌ながら良い判断だったと思います。

　しかし、第一次試験の受験者の統計を見ると、多くの受験者が社会人であり、在学中に受験する方は少数です。つまり、このコラムを読んでいる読者も、働きながら受験勉強をする方がほとんどだと思います。

　私がここで言いたいのは、大学を出ているのであれば、あなたはかつて、十分に試験に合格するレベルにあったということです。だからこそ、技術士第一次試験の勉強は、新しく学ぶというよりは、「かつての記憶を呼び起こす勉強」と言ってよいでしょう。そして新しいことを学ぶ場合と、記憶を呼び起こす場合では、実は効率的な勉強方法が変わってきます。

　記憶に関する理論で、タルヴィングの記憶理論というものがあります。これは人間の記憶は体験や感情にひもづく「エピソード記憶」と知識や概念などの「意味記憶」という2つの大きな箱に保管されているという理論です。

　忘れてしまった知識を思い出すために、これらの記憶の特性を上手に活用しましょう。「エピソード記憶」を活用するには、学生時代に勉強していた時の

具体的な状況や感情を思い出してみてください。例えば、勉強していた場所、時間帯、使っていた教科書やノート、学習中に聞いていた音楽など、その時の具体的なエピソードを思い出すことで、関連する学習内容も蘇りやすくなります。

　次に、「意味記憶」を鍛え直すためには、勉強で学んだ概念や知識を現在の自分の業務や経験と関連付けて考えてみましょう。

　業務で用いる専門知識と第一次試験の学習中に出てきた用語を整理して、マインドマップなどを用いて視覚的に整理してみるとよいでしょう。学生時代に学んだことと、自身の業務の関連に気がついていない場合も案外多いものです。新しい情報を既存の知識ネットワークに結びつけることで、記憶が活性化し、より深く理解しやすくなります。また、学習した内容を自分の言葉で説明する練習をすることも、意味記憶の定着に役立ちますよ。

　また、そもそも働きながら勉強時間を確保するのは大変だと思います。私は「朝の時間」を活用するのがオススメします。夜だとどうしても仕事の都合などで、勉強が蔑ろになりがちですので、朝1時間でも早起きして勉強時間を確保する習慣をつけましょう。私は技術士第二次試験の勉強の際は、そのように学習時間を確保していました。第一次試験合格のあとは、第二次試験が待ち構えています。第二次試験に向けて、第一次試験から勉強の習慣を身につけておくのもよいでしょう。是非とも頑張ってください!!

技術士第一次試験受験体験記　その11

平成26年（2014年）度　技術士第一次試験（機械部門）　合格

平成28年（2016年）度　技術士第二次試験（機械部門）　合格

(Y. M.)

1）受験の動機

　私にとっての技術士試験の受験動機は、生涯現役のエンジニアとして活動し続けたいとの願望からです。たとえ企業内で素晴らしい功績を収め、役員レベルの地位を築いたとしても、その企業を離れると元エンジニアまたはタダのオッサンです。私は元エンジニアではなく生涯現役エンジニアを貫きたいと常に思っていました。

　また、技術士取得以前に米国建機メーカーとの品質問題に関する交渉時、相手方がPEであるにもかかわらず、自身の名刺にPEの記載がなかったために真剣に主張を聞きいれてもらえなかった悔しい経験も受験動機の一つです。さらに、技術士資格はエンジニアにとって国が認めた技術系の最高峰の資格であり、これを取得することで専門家としての信頼性が高まり、社会的な評価を得られると考えたからです。自身の専門性を証明し、エンジニアとしての地位を向上させるためには、技術士試験に挑戦するしかないと思いました。

2）技術士資格の効果

　技術士資格の取得前は、とある顧客ユーザーからのクレーム対応時に提出する見解書を作成して提出した時、その多くは何らかの修正を求められていました。しかし、技術士資格を取得後は見解書の署名に「技術士（機械部門）」を添えることで修正を求められることはなくなりました。

　また、社外の取引先等とのコミュニケーションにおいても、名刺に『技術士』と記載することで相手方から興味を持たれ、友好的な態度で話を聞いてもらえるようになりました。名刺交換の際には、「おー！　技術士の資格をお持ちなのですね」といった好意的な反応が得られる時もあり、コミュニケーションが円滑になる機会が増えたと感じています。

273

さらに、技術士有資格者には「国家資格試験の受験・免除規定」があり、受験資格の授与、科目試験・実務経験の免除などの特典を利用できます。

　私はこの特典を「労働安全コンサルタント」「消防設備士試験」にて利用しました。

3）勉強方法とアドバイス

① 過去問題を解く

　技術士第一次試験は、過去問題の傾向を理解することが成功への近道です。全科目にわたり、過去の試験問題を解くことで、出題範囲や難易度を把握しましょう。私の場合、基礎・適性科目においては市販の問題集を利用し、過去5年分の問題に徹底的に取り組みました。専門分野や計算問題の場合は初回解答の際、解答を見ながら問題の解き方を理解し、次回解答の際には解き方の理解度を確認する方法で学習しました。初回解答で解法を理解し、誤答した場合は繰り返し解答して理解度を深めました。

② 教材の効果的な活用

　機械部門の教材は種類が限られているかもしれませんが、通信教育講座を受講するなど、多様な情報を取り入れることが重要です。私の場合、社内で通信教育講座の受講制度があり、そこには技術士第一次試験・機械部門の講座がありましたので受講しました。受講期間内での修了者には、添削課題の平均点によって奨励金が支給（通信教育講座費用の70%〜全額）される社内制度があり、モチベーションを保ちつつ効果的な学習を進めることができました。（6か月コースを3か月で終了させました）

③ 計画的なスケジュールの策定

　受験日からのスケジュールをしっかりと立てましょう。私は6か月の計画を掲げ、前半3か月は基礎学力の向上のための通信教育講座の受講、後半3か月は過去問に集中して取り組みました。計画的な進捗管理を心掛け、焦らず確実なステップを踏んでいくことが合格への鍵です。

4）受験される皆様へ

　技術士試験は第一次試験で完結するものではありません。第二次の筆記試験および第二次の口頭試験も克服しなければなりません。第一次試験で高揚感を味わったならば、そのモチベーションを保ちながら、着実に第二次試験への備えに取り組んでください。また、第二次試験の受験を数年後に考えることは避け、第一次試験に合格した翌年の受験をお勧めします。

　なお、試験当日は特に「受験番号」欄へ受験票に記載されている受験番号を正しく記入・マークしてください。誤記入があると「失格」となります。私は初回受験時にこの落とし穴にはまり、「失格」となりました。自己採点では基礎科目（13/15）、適性科目（10/15）、専門科目（23/25）であったため、合格を確信していましたが、結果通知のハガキには「受験番号の誤記入につき失格」との厳しい記載がありました。皆さんは同様の過ちを犯さないよう、注意深く受験に臨んでください。

　最後に、試験当日の心構えも忘れずに整えてください。冷静な状態で問題に取り組むことができれば、解答に対する的確な判断ができます。緊張感を感じた際には深呼吸をしてリラックスし、自分の力を信じて進んでください。

　皆様がご自身のポテンシャルを最大限に引き出すことができますよう、心より応援しています。

　頑張ってください！

技術士第一次試験受験体験記　その12

令和3年（2021年）度　技術士第一次試験（機械部門）合格
令和4年（2022年）度　技術士第二次試験（機械部門）合格

(N. I.)

1）受験の動機

　私は大学を卒業してから、自動車のエンジン設計業務に携わってきました。しかし、「技術士」という国家資格が存在することを知ったのは40歳を過ぎてからでした。自分の専門とする機械設計にも国家資格があることを知らなかった自分の無知さに失望し、もっと早く知っていたら若い時からチャレンジできたのではないかと後悔しました。周りに技術士の先輩がいなかったため、書籍やインターネットで1次・2次試験の難しさや時間のかかること、低い合格率について調べ、憧れと同時にいつかはチャレンジしようと考えながら数年が過ぎました。

　その数年の間、私は設計・実験などプロジェクト全体を取りまとめる立場になり、設計業務から離れたことで知識が徐々に薄れていると感じていました。また、管理職に昇進したことでその感覚は一層強まり、危機感を感じていました。更に、近年のカーボンニュートラルをめぐる市場環境からエンジンの設計業務をリタイアまで続けられなくなった時に、機械設計者として別の製品分野で活躍できるのか不安がありました。そんな中で、自分の技術がどこまで世の中の役に立つのか、その棚卸と学び直しをしたい気持ちが強くなり、受験を決意しました。

2）学習方法とアドバイス

（1）学習時間の確保

　　平日は朝から晩まで仕事をこなし、その中で勉強時間を確保するべく、朝6時30分に起床して40～50分、お昼休みに20～30分、夜帰宅後にリモートワークで残業してから深夜1時前後に30分程度、1日あたり合計で1時間30分から2時間を確保しました。具体的な記録によれば、8月：15

時間、9月：5時間、10月：30時間、11月：50時間と、この試験におおよそ100時間程度費やしました。

(2) 学習方法

　　11月末の試験に向けて、私は8月の長期連休から勉強を始めました。専門科目に集中するため、最初に基礎・適性科目を片付けることにしました。過去7年分の問題が掲載されている問題集を1冊購入し、1周やってみて、間違えた問題には×印、正解したけれどもまぐれや不安な問題には△印を書き込み、それをもう1周、合計2周実施しました。15時間程度でいったん終了し、残りは受験前に復習することにしました。

　　次に専門科目に取り組んだのは9月下旬からでした。専門科目も過去問を正解できる力があれば合格できると考え、本書「技術士第一次試験「機械部門」専門科目過去問題　解答と解説」と「技術士第一次試験「機械部門」合格への厳選100問」（日刊工業新聞社）を基礎・適性科目と同様に繰り返し解き、解法を身につける努力をしました。参考書は「技術士第一次試験「機械部門」専門科目受験必修テキスト」（日刊工業新聞社）を使い、それでも理解できない箇所があれば、大学時代の教科書ややさしく解説された参考書を購入し、知識を補いました。どうしても苦手な問題は最後2日前から過去問の解答だけを完全に覚え込みました。受験の際に1問これで点が取れたので、幸運でした。

　　反省点は、基礎・適性科目の直前の復習時間が少なすぎたことです。先にまとめて勉強して、合格ラインを余裕でクリアできる見込み（10～12得点）があったので、これに安心感を抱いて試験前にあまり時間を取らなかった結果、基礎・適性科目ともに8点でギリギリ合格となりました。

3) 最後に

　　忙しい中で学習時間の確保は本当に難しく、苦しいと感じることでしょう。また、普段は応援してくれる家族も、休日も勉強に時間を割いていると理解を示してくれない時もあると思います。私はそんな経験から「もう一度こんな思いをして勉強をしたくないから、絶対に1発で合格するぞ！」

という気持ちでラストスパートをかけました。また、お昼休みや深夜に睡魔や誘惑に負けず学習するモチベーションの維持として、学習管理スマホアプリで勉強時間を記録しました。勉強時間が少ないときは、「今日は時間が少ないから今から頑張ろう」とか、夜に勉強を終えて合計時間が多かった日には「今日はよく頑張った」とポジティブな気持ちになって勉強を続けることができたと思います。皆さんもぜひ合格を目指して頑張ってください。

第12章
技 術 士 法

学習のポイント

　ここでは、技術士法の技術士補に関する条文を掲載し、重要条文には解説を加えます。技術者にとって法律はなかなか理解しづらいものですが、技術士法には、技術士制度の全てと試験のヒントが多く隠されています。ここでは技術士補に関する条文のみを掲載していますが、決して難解な法律ではないので一度全文を読んでみてください。技術士、技術士補は、国家資格であるため、資格取得の条件や取得後の権利、義務など全て法律で定められています。

　なお、技術士法が直接出題されることはありません。

第一条　この法律は、技術士等の資格を定め、その業務の適正を図り、も
　　つて科学技術の向上と国民経済の発展に資することを目的とする。

　この法律の目的を述べている。すなわち、前半2つ、後半2つの目的を述べ
ている。ここで、この法律の究極の目的は、後半の2つ、すなわち①科学技術
の発展に資すること、②国民経済の発展に資すること、である。第二次試験の
論文で経済性を述べなければならないとされるのは、ここから導かれる。必ず
理解しておかれたい。

　（定義）
第二条　この法律において「技術士」とは、第三十二条第一項の登録を受
　　け、技術士の名称を用いて、科学技術（人文科学のみに係るものを除く。
　　以下同じ。）に関する高等の専門的応用能力を必要とする事項について
　　の計画、研究、設計、分析、試験、評価又はこれらに関する指導の業務
　　（他の法律においてその業務を行うことが制限されている業務を除く。）
　　を行う者をいう。
2　この法律において「技術士補」とは、技術士となるのに必要な技能を
　　修習するため、第三十二条第二項の登録を受け、技術士補の名称を用い
　　て、前項に規定する業務について技術士を補助する者をいう。

　第1項において技術士の、第2項において技術士補の定義を述べている。なお、
法律では第1項を表す「1」は省略するのが慣例である。そもそも技術士や技
術士補とは何か、単に試験に合格し、登録した者ではないことを理解していた
だきたい。技術士補については、第四十七条に業務の制限が規定されている。

　　　　　　　第三章　技術士等の登録
　（登録）
第三十二条　技術士となる資格を有する者が技術士となるには、技術士登
　　録簿に、氏名、生年月日、事務所の名称及び所在地、合格した第二次試

験の技術部門（前条第一項の規定により技術士となる資格を有する者に
あつては、同項の規定による認定において文部科学大臣が指定した技術
部門）の名称その他文部科学省令で定める事項の登録を受けなければな
らない。

2　技術士補となる資格を有する者が技術士補となるには、その補助しよ
うとする技術士（合格した第一次試験の技術部門（前条第二項の規定に
より技術士補となる資格を有する者にあつては、同項の課程に対応する
ものとして文部科学大臣が指定した技術部門。以下この項において同
じ。）と同一の技術部門の登録を受けている技術士に限る。）を定め、技
術士補登録簿に、氏名、生年月日、合格した第一次試験の技術部門の名
称、その補助しようとする技術士の氏名、当該技術士の事務所の名称及
び所在地その他文部科学省令で定める事項の登録を受けなければならな
い。

　登録を受けなければ技術士、技術士補の名称を用いてはならない旨、さらに
は合格した技術部門ごとの登録である旨を規定している。

3　技術士補が第一項の規定による技術士の登録を受けたときは、技術士
補の登録は、その効力を失う。

　技術士補が新たに技術士登録をした場合、技術士補登録は自動的に失効する
旨規定している。さらに第三十八条では失効した場合、文部科学大臣は登録を
消除しなければならない旨規定している。

第四章　技術士等の義務

　本章は第一条、第二条とともに技術士法の中で最も重要な部分である。第
四十四条から第四十七条の二までは、技術士の義務・責務といわれる部分であ
る。適性科目は、本章が基礎となる。第四十四条、第四十五条、第四十六条は
技術士の3大義務と呼ばれる。

（信用失墜行為の禁止）

第四十四条　技術士又は技術士補は、技術士若しくは技術士補の信用を傷つけ、又は技術士及び技術士補全体の不名誉となるような行為をしてはならない。

　本条から第四十七条の二まで具体的にどのような行為が該当するのかを考えておくこと。技術士補にも適用される。

（技術士等の秘密保持義務）

第四十五条　技術士又は技術士補は、正当の理由がなく、その業務に関して知り得た秘密を漏らし、又は盗用してはならない。技術士又は技術士補でなくなつた後においても、同様とする。

　この規定に違反した場合には罰則規定（第五十九条）が設けられている。罰則規定があるのは義務・責務の中で本条のみである。技術士補にも適用があり十分理解しておくこと。

（技術士等の公益確保の責務）

第四十五条の二　技術士又は技術士補は、その業務を行うに当たつては、公共の安全、環境の保全その他の公益を害することのないよう努めなければならない。

（技術士の名称表示の場合の義務）

第四十六条　技術士は、その業務に関して技術士の名称を表示するときは、その登録を受けた技術部門を明示してするものとし、登録を受けていない技術部門を表示してはならない。

　例えば "技術士（機械部門）" などと表記しなければならない旨規定している。後段は登録を受けていないにもかかわらず表記してはならない旨規定している。次条第2項において本条が準用され、技術士補が名称表示をする場合にも登録

を受けた技術部門を表示しなければならない旨規定している。ここで、“技術士は”とあるので、技術士以外の者（第二次試験合格者であって登録していない者を含む）が技術士の名称を用いた場合には本条は適用されない。この場合は第五十七条が適用され（本条は技術士のみであるが第五十七条は技術士補も含まれる）第六十二条の罰則が適用される。

　（技術士補の業務の制限等）

第四十七条　技術士補は、第二条第一項に規定する業務について技術士を補助する場合を除くほか、技術士補の名称を表示して当該業務を行つてはならない。

2　前条の規定は、技術士補がその補助する技術士の業務に関してする技術士補の名称の表示について準用する。

技術士補の業務について、第二条とともにしっかり理解していただきたい。技術士補はその名称を用いて単独で業務を行ってはならない旨規定している。

　（名称の使用の制限）

第五十七条　技術士でない者は、技術士又はこれに類似する名称を使用してはならない。

2　技術士補でない者は、技術士補又はこれに類似する名称を使用してはならない。

　民間が資格を制定することは原則自由である。しかし国家資格と混同するおそれがあれば問題である。そこで本規定が必要となる。例えば、Net−P.E.Jpがnet技術士なる資格を制定した場合、国家資格である技術士と混同するおそれがある。この場合本条が適用され、第六十二条の罰則が科せられるであろう。余談であるが、“士”を用いた資格は、国家資格と決まったわけではないが国家資格と混同するおそれがあるとした判例がある（第四十六条と対比のこと）。

> 第八章　罰　則
>
> 第五十九条　第四十五条の規定に違反した者は、一年以下の懲役又は五十
> 　万円以下の罰金に処する。
> 2　前項の罪は、告訴がなければ公訴を提起することができない。

　第四十五条とは技術士等の秘密保持義務のことである。以下条文の罰則規定
にあっては、何に違反したときに、どんな制裁があるかを見ておこう。秘密保
持義務違反が最も制裁が厳しいことも理解しておくこと。

付　録　1

公益社団法人日本技術士会とは

1．概　要

　公益社団法人日本技術士会は技術士制度の普及、啓発を図ることを目的とし、技術士法により明示されたわが国で唯一の技術士による社団法人として設立され、2021年に創立70周年を迎えました。日本技術士会は公益法人制度改革に対応し、2011年4月11日に公益社団法人に移行しました。

　技術士にはコンサルタントとして自営する方、コンサルタント企業及び各種企業に勤務している方がおり、21の技術部門にわたって、高度の専門的応用能力を必要とする事項の計画、設計、評価等を中心とする業務分野で活躍しています。2023年3月末現在、正会員：16,081名、準会員：3,064名の合計19,145名、賛助会員：151社が入会しています。

　日本技術士会は、2004年6月に「技術士ビジョン21」を策定し、社会に向けて発信しました。技術士ビジョン21は①21世紀の技術士像を明確にすること、②業務独占資格でない技術士の職業的位置づけを行うこと、③技術士の義務と責任を明確にし、社会的信頼を得ること、④一人ひとりの技術士は自己責任の原則のもと、これを支援するための日本技術士会の役割を明確にすることを基本として策定されました。2007年1月には、技術士の行動原則を示した「技術士プロフェッション宣言」が制定されました。

　2022年3月には、「公益社団法人　日本技術士会　組織行動規範」を策定し、高い倫理観と適正なガバナンスの下で、健全な組織活動を推進することを社会に宣言しました。

《技術士プロフェッション宣言》

われわれ技術士は、国家資格を有するプロフェッションにふさわしい者として、一人ひとりがここに定めた行動原則を守るとともに、公益社団法人日本技術士会に所属し、互いに協力して資質の保持・向上を図り、自律的な規範に従う。

これにより、社会からの信頼を高め、産業の健全な発展ならびに人々の幸せな生活の実現のために、貢献することを宣言する。

【技 術 士 の 行 動 原 則】

1. 高度な専門技術者にふさわしい知識と能力を持ち、技術進歩に応じてたえずこれを向上させ、自らの技術に対して責任を持つ。

2. 顧客の業務内容、品質などに関する要求内容について、課せられた守秘義務を順守しつつ、業務に誠実に取り組み、顧客に対して責任を持つ。

3. 業務履行にあたりそれが社会や環境に与える影響を十分に考慮し、これに適切に対処し、人々の安全、福祉などの公益をそこなうことのないよう、社会に対して責任を持つ。

【プロフェッションの概念】
1. 教育と経験により培われた高度の専門知識及びその応用能力を持つ。2. 厳格な職業倫理を備える。3. 広い視野で公益を確保する。4. 職業資格を持ち、その職能を発揮できる専門職団体に所属する。

2. 事業内容

日本技術士会では主に、以下のような事業展開をしています。

(1) 技術士CPD（Continuing Professional Development）推進・登録・証明書・認定会員証発行

　　技術士CPD（継続研鑽）制度の事務局として、制度推進並びに登録事務にあたる。日本技術士会内だけでなく外部組織との連携をより深くしてCPDの場の発掘等会員のみならず全技術士を対象とした支援を行っています。

(2) 国内、海外活動

　国内活動としては、公的機関、中小企業への協力業務や、官公庁、地方自治体等からの受託業務などがあります。また海外活動としては、JICA等の公的海外関係機関との連携事業などがあります。

(3) 国際協力・海外交流

　日本技術士会は1995年以来技術者の流動化を促進するため、国際相互承認資格であるAPECエンジニア制度の確立に積極的に参加し、2000年11月からAPECエンジニア審査・登録を開始した。また、IPEA（International Professional Engineer Agreement）国際エンジニア登録にも正式メンバーとして参画しています。（EMF定款変更に伴い、2015年4月1日より和文名称をEMF国際エンジニアからIPEA国際エンジニアへ変更。）

(4) 広報及び普及啓発

　技術士活用の促進、CPDの普及・啓発や実施支援となる情報提供、会員の増強等を図るため広報及び普及啓発活動を積極的に推進しています。

　　・公益社団法人日本技術士会の会誌である月刊「技術士」などを発行
　　・「技術士試験受験のすすめ」、「技術士関係法令集」等を発行・頒布
　　・「科学技術者の倫理」の翻訳・出版等
　　・技術士CPDに関する研修会、講演会、セミナー等

(5) 会員の協力と情報交換

　全国で活躍している技術士のコミュニケーションを図ることを目的に、毎年、開催地を替えて技術士全国大会を実施しています。また、地域本部、委員会、部会等がさまざまな会合等を開催しています。

(6) 技術士試験・登録事業

　技術士法に基づく文部科学大臣の指定試験機関及び指定登録機関としての役割を担っています。

・国の指定試験機関として、技術士第一次試験並びに技術士第二次試験の実施
・国の指定登録機関として、試験合格者の登録申請書受付・審査、登録証や登録証明書の発行等。

〈参考資料〉

公益社団法人　日本技術士会の概要、日本技術士会HP（https://www.engineer.or.jp/）

付　録　2
技術士ビジョン21

平成16年に、日本技術士会では、「技術士ビジョン21」を策定しました。このビジョンは、①21世紀の技術士像を明確にすること、②業務独占資格でない技術士の職業的位置づけを行うこと、③技術士の義務と責任を明確にし、社会的信頼を得ること、④一人ひとりの技術士は自己責任の原則のもと、これを支援するための日本技術士会の役割を明確にすること、を基本として策定されています。以下、その内容を簡単にご紹介します。

1．科学技術創造立国と技術士の役割

(1) 21世紀の国の姿と技術士像
21世紀の我が国の目標は、科学技術創造立国、すなわち科学技術で新たな知を創造し、環境の保全と人類の幸福（安全・安心、心の安らぎ、福祉など）を実現することです。技術士は科学技術全般の専門家として、広い分野と職域で科学技術創造立国実現に向け、その中核となって活躍し、リーダーの役割を担っていくことを謳っています。

(2) 技術士の役割と位置づけ
1995年に制定された科学技術基本法に基づいて「科学技術基本計画」が策定されました。同計画では、産業フロンティアの創出と、国際競争力の強化を支える技術系人材の確保・育成の重要性が明確に謳われました。また、技術的実務能力に加え、職業倫理の厳格な遵守を要件とする技術者資格の要望が高ま

り、技術士法を改正することで、技術士の役割が大幅に増加しました。また技術士ビジョン 21 では、21 世紀における技術士は、従来からの技術系コンサルタント並びにマネジメント系コンサルタントになるための資格者に加え、科学技術全般にわたる技術者群のリーダー、また核となる者のための資格者と位置づけています。

(3) 技術士に求められる基本的要件

技術士は、技術士法によって、技術士業務に関する「定義」、「資質向上の責務」、「主要な義務」、「公益確保の責務」、「妥当な報酬」などが規定されています。また、技術士は高い専門能力だけでなく、高潔な人間性と道徳、そして職業倫理を持つことが基本要件となります。

2.　職業別の技術士の位置づけ

技術士は、「公共の安全、環境の保全、その他公益に関係の深い業務は、その責任者として技術士が担当する」といった職業的な位置づけを行い、顧客や企業を含めて社会全般の理解を得る努力をするとされています。以下、各コースの職業的な位置づけの概要を挙げます。

(1) 独立したコンサルタントとしての技術士

個人でコンサルタントとして業務を営む技術士およびコンサルタント企業に所属し、コンサルタントとして業務を営む技術士のことをいいます。この場合の技術士は、顧客との契約に基づき、そのプロジェクトの責任者として業務を遂行し、業務報酬、暇庇責任、守秘義務など一切の責任を負います。併せて十分な経験と能力を保有し、中立・独立の要件を満たさなければなりません。

(2) 企業内技術者としての技術士

企業との雇用契約によって担当業務の責任を負い、企業経営に貢献する技術士のことをいい、研究職、計画・設計職、製造職、監理・監督職などでリーダーまたは核の役割を担うべき技術者であり、直接的には企業が技術士個人の能力

を評価する立場にあります。

(3) 公務員技術者としての技術士

行政サービスにおいて、技術面での知識や判断を必要とする業務を行うだけでなく、関係機関との協議や地域住民との折衝などの職務を担う技術士のことをいいます。このような業務や職務を行う技術の責任者は、技術士が務めることが社会的信頼の向上につながることになります。

(4) 教育・研究者としての技術士

大学等の高等教育機関や公的な研究機関に属し、学生や組織人の教育や自ら研究に従事する技術士のことをいいます。教育の場で技術士資格を説明し、同資格取得への動機づけを図ることや、研究開発を通じて得た知的成果を産業界で生かすパートナー機能を果たすことが求められます。

(5) 知的財産評価者等としての技術士

弁護士、弁理士等とパートナーを組んで技術的評価の役割を担う技術士のことをいいます。「特許権」や「著作権」などの依頼者の権利を守ることを職務とします。

その他、企業経営で貢献する技術士や、NGO / NPO などの職域で活躍される技術士も多くいます。

3. 技術士の義務と責務

(1) 公益確保等の社会的役割に対する責務
1) 義務の履行
技術士は、技術士法において「信用失墜行為の禁止」「技術士等の秘密保持義務」「技術士の名称表示の場合の義務」の3つの義務が課されています。
2) 公益確保の徹底
技術士法四十五条の二では「技術士又は技術士補は、その業務を行うにあたっては、公共の安全、環境の保全その他の公益を害することのないように

努めなければならない」とされ、公益確保を最優先しなければなりません。

3）職業倫理の遵守

技術士倫理綱領において、「安全・健康・福利の優先」「持続可能な社会の実現」「信用の保持」「有能性の重視」「真実性の確保」「公正かつ誠実な履行」「秘密情報の保護」「法令等の遵守」「相互の尊重」「継続研鑽と人材育成」が挙げられています（次ページに掲載）。

（2）技術士の資質向上への責務（CPD）

「資質向上への責務」とは新技術士誕生のときの能力をスタートレベルに、常にそれ以上の能力を目指して自己の責任によって継続的に研績を積むことをいいます。このCPDの実践のために多くのプログラムが用意されています。

（3）技術士の国際的責務

EU、APECの域内の動きの他に、我が国の近隣の韓国や中国、さらにはインドなどにおいても技術の進歩は急速であり、今後ますます国際的な活動の場は拡がっています。技術士として、まずはAPECエンジニアの登録を行い、いつ、どこで、誰とでも仕事ができる状態を整えることが重要になります。

〈参考資料〉
技術士ビジョン21、公益社団法人日本技術士会

技術士倫理綱領

昭和36年3月14日 　　　　理事会制定

平成11年3月 9日 　理事会変更承認

平成23年3月17日 　理事会変更承認

2023年3月 8日 　理事会変更承認

【前文】

　技術士は、科学技術の利用が社会や環境に重大な影響を与えることを十分に認識し、業務の履行を通して安全で持続可能な社会の実現など、公益の確保に貢献する。

　技術士は、広く信頼を得てその使命を全うするため、本倫理綱領を遵守し、品位の向上と技術の研鑽に努め、多角的・国際的な視点に立ちつつ、公正・誠実を旨として自律的に行動する。

【本文】

（安全・健康・福利の優先）

1. 技術士は、公衆の安全、健康及び福利を最優先する。

　(1) 技術士は、業務において、公衆の安全、健康及び福利を守ることを最優先に対処する。

　(2) 技術士は、業務の履行が公衆の安全、健康や福利を損なう可能性がある場合には、適切にリスクを評価し、履行の妥当性を客観的に検証する。

　(3) 技術士は、業務の履行により公衆の安全、健康や福利が損なわれると判断した場合には、関係者に代替案を提案し、適切な解決を図る。

（持続可能な社会の実現）

2. 技術士は、地球環境の保全等、将来世代にわたって持続可能な社会の実現に貢献する。

　(1) 技術士は、持続可能な社会の実現に向けて解決すべき環境・経済・社会の諸課題に積極的に取り組む。

　(2) 技術士は、業務の履行が環境・経済・社会に与える負の影響を可能な限り低減する。

（信用の保持）

3. 技術士は、品位の向上、信用の保持に努め、専門職にふさわしく行動する。

　(1) 技術士は、技術士全体の信用や名誉を傷つけることのないよう、自覚して行動する。

　(2) 技術士は、業務において、欺瞞的、恣意的な行為をしない。

　(3) 技術士は、利害関係者との間で契約に基づく報酬以外の利益を授受しない。

（有能性の重視）

4. 技術士は、自分や協業者の力量が及ぶ範囲で確信の持てる業務に携わる。

　(1) 技術士は、その名称を表示するときは、登録を受けた技術部門を明示する。

　(2) 技術士は、いかなる業務でも、事前に必要な調査、学習、研究を行う。

　(3) 技術士は、業務の履行に必要な場合、適切な力量を有する他の技術士や専門家の助力・協業を求める。

（真実性の確保）

5. 技術士は、報告、説明又は発表を、客観的で事実に基づいた情報を用いて行う。

　(1) 技術士は、雇用者又は依頼者に対して、業務の実施内容・結果を的確に説明する。

　(2) 技術士は、論文、報告書、発表等で成果を報告する際に、捏造・改ざん・盗用や誇張した表現等をしない。

　(3) 技術士は、技術的な問題の議論に際し、専門的な見識の範囲で適切に意見を表明する。

（公正かつ誠実な履行）

6. 技術士は、公正な分析と判断に基づき、託された業務を誠実に履行する。

　(1) 技術士は、履行している業務の目的、実施計画、進捗、想定される結果等について、適宜説明するとともに応分の責任をもつ。

　(2) 技術士は、業務の履行に当たり、法令はもとより、契約事項、組織

内規則を遵守する。

(3) 技術士は、業務の履行において予想される利益相反の事態について
は、回避に努めるとともに、関係者にその情報を開示、説明する。

（秘密情報の保護）

7. 技術士は、業務上知り得た秘密情報を適切に管理し、定められた範囲
でのみ使用する。

(1) 技術士は、業務上知り得た秘密情報を、漏洩や改ざん等が生じない
よう、適切に管理する。

(2) 技術士は、これらの秘密情報を法令及び契約に定められた範囲での
み使用し、正当な理由なく開示又は転用しない。

（法令等の遵守）

8. 技術士は、業務に関わる国・地域の法令等を遵守し、文化を尊重する。

(1) 技術士は、業務に関わる国・地域の法令や各種基準・規格、及び国
際条約や議定書、国際規格等を遵守する。

(2) 技術士は、業務に関わる国・地域の社会慣行、生活様式、宗教等の
文化を尊重する。

（相互の尊重）

9. 技術士は、業務上の関係者と相互に信頼し、相手の立場を尊重して協
力する。

(1) 技術士は、共に働く者の安全、健康及び人権を守り、多様性を尊重
する。

(2) 技術士は、公正かつ自由な競争の維持に努める。

(3) 技術士は、他の技術士又は技術者の名誉を傷つけ、業務上の権利を
侵害したり、業務を妨げたりしない。

（継続研鑽と人材育成）

10. 技術士は、専門分野の力量及び技術と社会が接する領域の知識を常に
高めるとともに、人材育成に努める。

(1) 技術士は、常に新しい情報に接し、専門分野に係る知識、及び資質
能力を向上させる。

(2) 技術士は、専門分野以外の領域に対する理解を深め、専門分野の拡
張、視野の拡大を図る。

(3) 技術士は、社会に貢献する技術者の育成に努める。

付　録　3
『Net−P.E.Jp』とは

　『Net−P.E.Jp』とは "Net Professional Engineer Japan" の略で、インターネット上の技術士・技術士補と、技術士を目指す受験者の全国的なネットワークです。異業種交流、技術士の知名度・地位の向上、受験者へのアドバイス、技術的な情報交換などを目的として平成15年6月に結成されました。1人ひとりが自主的に参加することによって成り立つ、匿名による無料登録サイトです。

　技術士として登録したものの、業務独占の資格ではないため具体的に「何をすればいいのか？」「何ができるのか？」と悩んでいる方が多いと思います。

　『科学技術の向上と国民経済の発展に資することを目的とする』技術士法に基づき、1人ではできないことも大勢の知恵や力を集結することで具現化できます。

　具体的には下記のような活動を行っています。
- 対面とWEBを併用した技術士受験セミナーの開催
- 技術士第二次筆記模擬試験・論文添削、口頭模擬試験の実施
- オフ会や年1回の全国大会の開催（実際に会って情報交換、勉強会、見学会、懇親会など）
- 1日1問！技術士試験第一次、第二次択一問題の発信
- 役立つ情報発信を目的としたネッペブログの更新
- 会員専用掲示板での情報交換
- 技術士業務の創出（受験対策本の出版・サポート、技術専門書籍への投稿など）

●社会的活動（学生への技術士の紹介、震災などへの義援金の寄付など）

詳細は下記URLを御覧ください。
https://netpejp.jimdofree.com/

　技術士資格に興味がある技術者、技術士試験の受験を考えている受験者、技術士第一次試験に合格した修習技術者または技術士補、新米・中堅・ベテラン技術士などなど……

　『Net-P.E.Jp』は、"技術士"という共通のキーワードで全ての登録者がつながっています。従って、技術士または技術士に興味を持ったり、目指す人たちにとって、とても心強いネットワークです。

　インターネットを介した運営のため、時間、場所の制約を受けることがなく、基本的に匿名サイトなのでより自由な意見交換ができ、効率よく自己啓発することが可能です。1人ではできないことでも、大勢の知識や力をもちより実現することができます。そんな参加型の技術者ネットワークを『Net-P.E.Jp』にて形成してみませんか。あなたの積極的な参加をお待ちしています。

お わ り に

　本書は、技術士第一次試験「機械部門」専門科目における過去問題の解答と解説の書として、好評を博しておりますところ、さらに版を重ねることとなりました。

　一口に機械工学といっても、その範囲は膨大で、他の工学分野との境界も極めて不鮮明です。しかしながら、この試験では、広大な範囲といえども、基本的な事項（公式、法則、キーワード等）をしっかり身につけることが肝要です。

　そして、そのためには、過去問題を解き、十分に検討して試験に臨むことが必要でしょう。

　受験生の皆様には、本書を十分に活用され、本書が合格の一助となれば幸いです。

令和6年5月

著 者 一 同

執筆者

鵜飼　裕美　　技術士（機械部門）

大島　晃二　　技術士（機械部門）

鬼鹿毛 雅之　技術士（機械部門）

嘉田　善仁　　技術士（機械部門）

澤井　宏和　　技術士（機械／総合技術監理部門）

藤田　政利　　技術士（機械／総合技術監理部門）

前田　泰志　　技術士（機械部門）、労働安全コンサルタント（機械）

松山　賢五　　技術士（機械／電気電子／建設／総合技術監理部門）

山崎　雄司　　技術士（機械／総合技術監理部門）

横田川 昌浩　技術士（機械部門）

- ●『Net−P.E.Jp』による書籍
  - ・『技術士第二次試験「機械部門」 完全対策＆キーワード100　第6版』
    日刊工業新聞社
  - ・『技術士第一次試験「基礎・適性」科目キーワード700　第5版』
    日刊工業新聞社
  - ・『機械部門受験者のための　技術士第二次試験〈必須科目〉論文事例集』
    日刊工業新聞社
  - ・『技術士第二次「筆記試験」「口頭試験」〈準備・直前〉必携アドバイス
    第2版』日刊工業新聞社
  - ・『トコトンやさしい機械設計の本』日刊工業新聞社
  - ・『トコトンやさしいサーボ機構の本』日刊工業新聞社
  - ・『トコトンやさしい機械材料の本　第2版』日刊工業新聞社
  - ・『設計検討って、どないすんねん！　STEP2』日刊工業新聞社

- ●インターネット上の技術士・技術士補と、技術士を目指す受験者のネット
  ワーク『Net−P.E.Jp』（Net Professional Engineer Japan）のサイト
  　https://netpejp.jimdofree.com/
  中部支部　https://peraichi.com/landing_pages/view/netpejp2chuubu
  近畿支部　https://kogasnsk.wixsite.com/netpejp
  関東支部　https://www.facebook.com/netpejpkanto/

技術士第一次試験「機械部門」専門科目
過去問題　解答と解説　―第9版―　　　　　NDC 507.3

2004 年　6 月 15 日	初版 1 刷発行	
2005 年 11 月 21 日	初版 5 刷発行	
2006 年　7 月 12 日	第 2 版 1 刷発行	
2007 年 12 月 10 日	第 2 版 3 刷発行	
2008 年　5 月 25 日	第 3 版 1 刷発行	
2009 年 10 月 30 日	第 3 版 4 刷発行	
2010 年　5 月 20 日	第 4 版 1 刷発行	
2011 年　6 月 24 日	第 4 版 3 刷発行	
2012 年　5 月 25 日	第 5 版 1 刷発行	
2014 年　5 月 27 日	第 6 版 1 刷発行	
2016 年　4 月 28 日	第 6 版 3 刷発行	
2017 年　5 月 25 日	第 7 版 1 刷発行	
2021 年　6 月 17 日	第 8 版 1 刷発行	
2023 年　4 月 28 日	第 8 版 3 刷発行	
2024 年　7 月 11 日	第 9 版 1 刷発行	

（定価は、カバーに
表示してあります）

© 編著者　　Ｎｅｔ‐Ｐ.Ｅ.Ｊｐ
　発行者　　井　水　治　博
　発行所　　日 刊 工 業 新 聞 社
　　　　　東京都中央区日本橋小網町 14-1
　　　　　（郵便番号 103-8548）
　　電話　書籍編集部　03-5644-7490
　　　　　販売・管理部　03-5644-7403
　　　　　　　　　FAX　03-5644-7400
　　　　　振替口座　　00190-2-186076
　　　URL　https://pub.nikkan.co.jp/
　　　e-mail　info_shuppan@nikkan.tech

印刷・製本　新日本印刷株式会社
組　版　メディアクロス